Projeto LUMIRÁ

CIÊNCIAS 2

Organizadora: Editora Ática S.A.
Obra coletiva concebida pela Editora Ática S.A.
Editora responsável: Heloisa Pimentel

Material de apoio deste volume:

- Cartonados e adesivos

editora ática

editora ática

Diretoria editorial
Lidiane Vivaldini Olo
Gerência editorial
Luiz Tonolli
Editora responsável
Heloisa Pimentel
Coordenação da edição
Isabel Rebelo
Edição
Daniella Drusian Gomes
Gerência de produção editorial
Ricardo de Gan Braga
Arte
Andréa Dellamagna (coord. de criação),
Talita Guedes (progr. visual de capa e miolo),
André Gomes Vitale (coord.),
Mauro Roberto Fernandes (edição)
e Casa de Tipos (diagram.)
Revisão
Hélia de Jesus Gonsaga (ger.), Rosângela Muricy (coord.),
Ana Paula Chabaribery Malfa, Gabriela Macedo de Andrade,
Heloísa Schiavo e Luís Maurício Boa Nova,
Brenda Morais e Gabriela Miragaia (estagiárias)
Iconografia
Sílvio Kligin (superv.),
Denise Durand Kremer (coord.), Caio Mazzilli (pesquisa)
Cesar Wolf e Fernanda Crevin (tratamento de imagem)
Ilustrações
Estúdio Icarus CII – Criação de Imagem (capa),
Biry Sarkis, Christiane Messias, Giz de Cera,
HQZart, Jorge Zaiba, Mauro Nakata, Renato Ventura,
Rubem Filho, Simone Ziasch, Vicente Mendonça (miolo)
e Ricardo Souza (cartonados)

Dados Internacionais de Catalogação na Publicação (CIP)
(Câmara Brasileira do Livro, SP, Brasil)

Projeto Lumirá : ciências : 2º ao 5º ano / obra coletiva concebida pela Editora Ática ; editora responsável Heloisa Pimentel. – 2. ed. – São Paulo : Ática, 2016. – (Projeto Lumirá : ciências)

1. Ciências (Ensino fundamental) I. Pimentel, Heloisa. II. Série.

16-01516 CDD-372.35

Índices para catálogo sistemático:
1. Ciências : Ensino fundamental 372.35

2017

ISBN 978 85 08 17866 7 (AL)
ISBN 978 85 08 17867 4 (PR)

Cód. da obra CL 739144

CAE 565 901 (AL) / 565 902 (PR)

2ª edição
2ª impressão

Impressão e acabamento
EGB Editora Gráfica Bernardi Ltda.

CÓPIA NÃO AUTORIZADA É CRIME
ABDR
RESPEITE O DIREITO AUTORAL
EDITORA AFILIADA

Elaboração de originais

Cláudia Cristina Pereira Mendes

Habilitada para o Magistério em Educação Infantil e Ensino Fundamental (1º ao 5º ano)
Licenciada em Pedagogia pela Faculdade Taboão da Serra (SP)
Pós-graduada (*lato sensu*) em Distúrbios da Aprendizagem pelo Centro de Referência em Distúrbios da Aprendizagem
Professora do Ensino Fundamental da rede particular de ensino de São Paulo (SP)

Marianka Gonçalves Santa Bárbara

Licenciada em Letras pela Universidade Federal de Campina Grande (UFCG-PB)
Mestra em Linguística Aplicada pela Pontifícia Universidade Católica de São Paulo (PUC-SP)
Professora da Cogeae-PUC-SP

Projeto LUMIRÁ

ESTE É O SEU LIVRO DE
CIÊNCIAS DO 2º ANO.

ESCREVA AQUI O SEU NOME:

....

....

ESTE LIVRO VAI AJUDAR VOCÊ A PENSAR SOBRE TUDO O QUE VOCÊ JÁ SABE, A INVESTIGAR O MUNDO, A QUESTIONAR O QUE VAI APRENDER E A DESCOBRIR MUITO MAIS SOBRE O AMBIENTE, AS PLANTAS, OS ANIMAIS E O CORPO HUMANO.

BOM ESTUDO!

CARO ALUNO

VOCÊ ESTÁ COMEÇANDO SEU ANO ESCOLAR. AO LONGO DESSE TEMPO, VOCÊ VAI APRENDER COISAS NOVAS E IMPORTANTES PARA O SEU DIA A DIA E PARA O FUTURO, COMO:

- LER E ESCREVER, RECONHECENDO PALAVRAS, SONS E TEXTOS;
- IDENTIFICAR NÚMEROS, OPERAÇÕES E FIGURAS;
- CONHECER O CORPO HUMANO, OS ANIMAIS E A NATUREZA;
- DESVENDAR O LUGAR EM QUE VIVEMOS;
- ENTENDER A HISTÓRIA DAS PESSOAS E DAS CIDADES.

O **PROJETO LUMIRÁ** VAI SER SEU COMPANHEIRO. NELE VOCÊ VAI ENCONTRAR TEXTOS, ATIVIDADES, JOGOS, ILUSTRAÇÕES E FOTOGRAFIAS MUITO INTERESSANTES. VOCÊ VAI APRENDER, PARTICIPAR DAS DESCOBERTAS E SE DIVERTIR MUITO.

BOM ESTUDO!

COMO É O MEU LIVRO?

ESTE LIVRO TEM 4 UNIDADES, CADA UMA DELAS COM 3 CAPÍTULOS. NO FINAL, NA SEÇÃO **PARA SABER MAIS**, HÁ INDICAÇÕES DE LIVROS, VÍDEOS E *SITES* PARA COMPLEMENTAR SEU ESTUDO.

ABERTURA DE UNIDADE

VOCÊ OBSERVA A IMAGEM, RESPONDE ÀS QUESTÕES E TROCA IDEIAS COM OS COLEGAS E O PROFESSOR SOBRE O QUE VAI ESTUDAR.

CAPÍTULOS

TEXTOS, FOTOGRAFIAS, ILUSTRAÇÕES E EXPERIMENTOS VÃO MOTIVAR VOCÊ A PENSAR, QUESTIONAR E APRENDER. HÁ ATIVIDADES AO LONGO DE CADA TEMA. NO FINAL DO CAPÍTULO, A SEÇÃO **ATIVIDADES DO CAPÍTULO** TRAZ MAIS EXERCÍCIOS PARA COMPLETAR SEU ESTUDO.

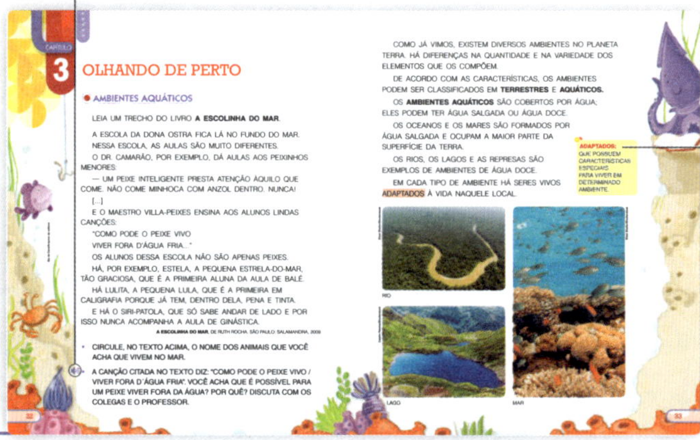

GLOSSÁRIO

O GLOSSÁRIO EXPLICA O SIGNIFICADO DE ALGUMAS PALAVRAS QUE TALVEZ VOCÊ NÃO CONHEÇA.

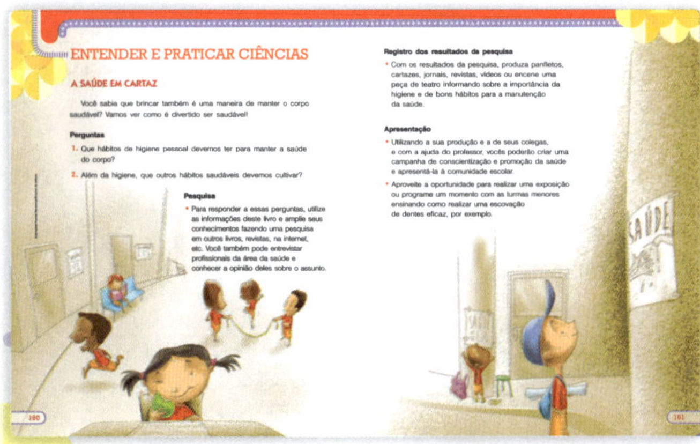

ENTENDER E PRATICAR CIÊNCIAS

AQUI VOCÊ VAI FAZER EXPERIMENTOS, PESQUISAS E OUTRAS ATIVIDADES IMPORTANTES EM CIÊNCIAS.

LEITURA DE IMAGEM

AQUI VOCÊ VAI FAZER UM TRABALHO COM IMAGENS. ELAS AJUDAM VOCÊ A REFLETIR SOBRE OS TEMAS ESTUDADOS: O QUE É PARECIDO COM SEU DIA A DIA, O QUE É DIFERENTE.

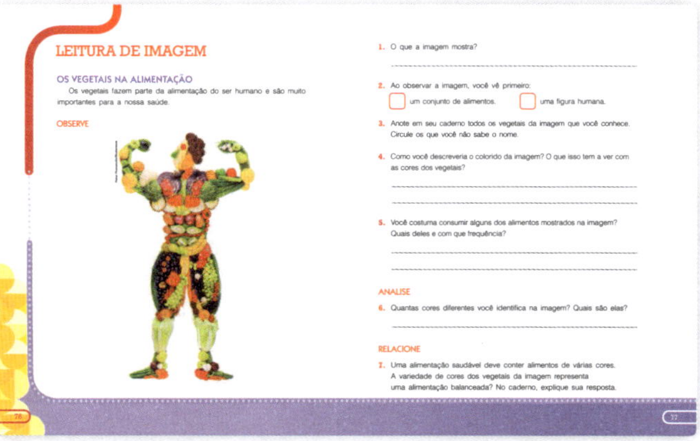

LEITURA DE IMAGEM

OS VEGETAIS NA ALIMENTAÇÃO

Os vegetais fazem parte da alimentação do ser humano e são muito importantes para a nossa saúde.

OBSERVE

1. O que a imagem mostra?
2. Ao observar a imagem, você vê primeiro: um conjunto de alimentos. uma figura humana.
3. Anote em seu caderno todos os vegetais da imagem que você conhece. Circule os que você não sabe o nome.
4. Como você descreveria o colorido da imagem? O que isso tem a ver com as cores dos vegetais?
5. Você costuma consumir alguns dos alimentos mostrados na imagem? Quais deles e com que frequência?

ANALISE

6. Quantas cores diferentes você identifica na imagem? Quais são elas?

RELACIONE

7. Uma alimentação saudável deve conter alimentos de várias cores. A variedade de cores dos vegetais da imagem representa uma alimentação balanceada? No caderno, explique sua resposta.

ÍCONE

ATIVIDADE ORAL

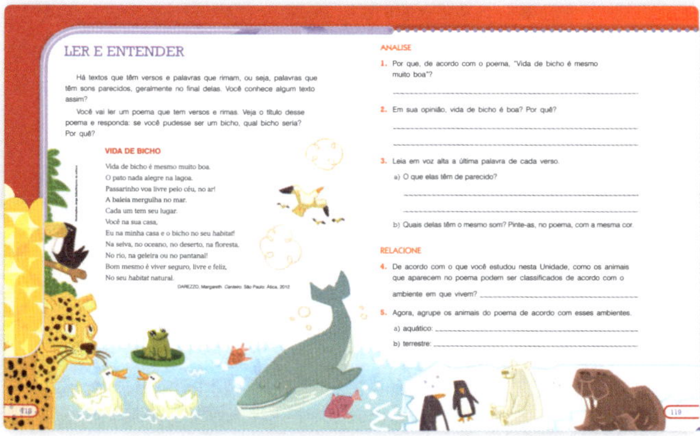

LER E ENTENDER

Há textos que têm versos e palavras que rimam, ou seja, palavras que têm sons parecidos, geralmente no final delas. Você conhece algum texto assim?

Você vai ler um poema que tem versos e rimas. Veja o título desse poema e responda: se você pudesse ser um bicho, qual bicho seria? Por quê?

VIDA DE BICHO

Vida de bicho é mesmo muito boa.
O pato nada alegre na lagoa.
Passarinho voa livre pelo céu, no ar!
A baleia mergulha no mar.
Cada um tem seu lugar.
Você na sua casa,
Eu na minha casa e o bicho no seu habitat!
Na selva, no oceano, no deserto, na floresta,
No rio, na geleira ou no pantanal!
Bom mesmo é viver seguro, livre e feliz,
No seu habitat natural.

ANALISE

1. Por que, de acordo com o poema, "Vida de bicho é mesmo muito boa"?
2. Em sua opinião, vida de bicho é boa? Por quê?
3. Leia em voz alta a última palavra de cada verso.
a) O que elas têm de parecido?
b) Quais delas têm o mesmo som? Pinte-as, no poema, com a mesma cor.

RELACIONE

4. De acordo com o que você estudou nesta Unidade, como os animais que aparecem no poema podem ser classificados de acordo com o ambiente em que vivem?
5. Agora, agrupe os animais do poema de acordo com esses ambientes.
a) aquático:
b) terrestre:

LER E ENTENDER

NESTA SEÇÃO VOCÊ VAI LER DIFERENTES TEXTOS. PODE SER UM POEMA, UM RÓTULO DE PRODUTO OU UMA NOTÍCIA. UM ROTEIRO DE PERGUNTAS VAI AJUDAR VOCÊ A LER CADA VEZ MELHOR E A RELACIONAR O QUE LEU AOS CONTEÚDOS ESTUDADOS.

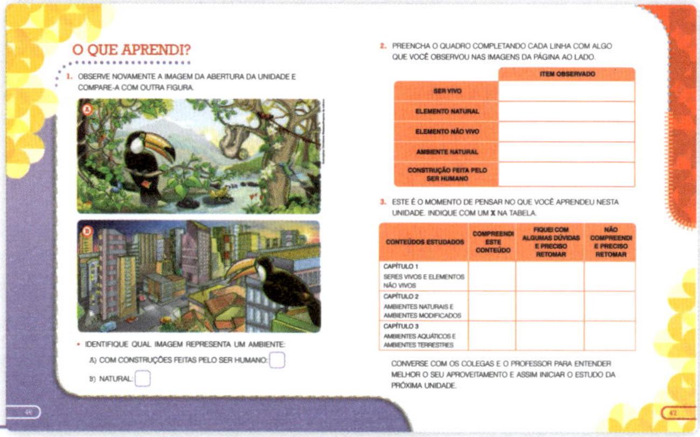

O QUE APRENDI?

1. OBSERVE NOVAMENTE A IMAGEM DA ABERTURA DA UNIDADE E COMPARE-A COM OUTRA FIGURA.
• IDENTIFIQUE QUAL IMAGEM REPRESENTA UM AMBIENTE:
A) COM CONSTRUÇÕES FEITAS PELO SER HUMANO:
B) NATURAL:

2. PREENCHA O QUADRO COMPLETANDO CADA LINHA COM ALGO QUE VOCÊ OBSERVOU NAS IMAGENS DA PÁGINA AO LADO.

	ITEM OBSERVADO
SER VIVO	
ELEMENTO NATURAL	
ELEMENTO NÃO VIVO	
AMBIENTE NATURAL	
CONSTRUÇÃO FEITA PELO SER HUMANO	

3. ESTE É O MOMENTO DE PENSAR NO QUE VOCÊ APRENDEU NESTA UNIDADE. INDIQUE COM UM X NA TABELA.

CONTEÚDOS ESTUDADOS	COMPREENDI ESTE CONTEÚDO	FIQUEI COM ALGUMAS DÚVIDAS E PRECISO RETOMAR	NÃO COMPREENDI E PRECISO RETOMAR
CAPÍTULO 1 SERES VIVOS E ELEMENTOS NÃO VIVOS			
CAPÍTULO 2 AMBIENTES NATURAIS E AMBIENTES MODIFICADOS			
CAPÍTULO 3 AMBIENTES AQUÁTICOS E AMBIENTES TERRESTRES			

CONVERSE COM OS COLEGAS E O PROFESSOR PARA ENTENDER MELHOR O SEU APROVEITAMENTO E ASSIM INICIAR O ESTUDO DA PRÓXIMA UNIDADE.

O QUE APRENDI?

AQUI VOCÊ ENCONTRA ATIVIDADES PARA PENSAR NO QUE APRENDEU, MOSTRAR O QUE JÁ SABE E REFLETIR SOBRE O QUE PRECISA MELHORAR.

SEMPRE QUE POSSÍVEL, O TAMANHO APROXIMADO DE ALGUNS SERES VIVOS É APRESENTADO POR ESTE SÍMBOLO. QUANDO A MEDIDA FOR APRESENTADA POR UMA BARRA VERTICAL, SIGNIFICA QUE ELA SE REFERE À ALTURA. QUANDO FOR REPRESENTADA POR UMA BARRA HORIZONTAL, SIGNIFICA QUE SE REFERE AO COMPRIMENTO, QUE, NO CASO DOS ANIMAIS, NÃO CONSIDERA O TAMANHO DA CAUDA.

SUMÁRIO

UNIDADE 1

UNIDADE 2

UNIDADE 3

UNIDADE 4

UNIDADE 1

O AMBIENTE

IMAGEM REPRESENTATIVA. OS ELEMENTOS DA IMAGEM NÃO ESTÃO EM TAMANHO PROPORCIONAL ENTRE SI.

Christiane Messias/Arquivo da editora

- OBSERVE O AMBIENTE QUE APARECE NA IMAGEM. VOCÊ JÁ VIU ALGUM AMBIENTE PARECIDO? COMO ELE ERA?
- EXISTEM SERES VIVOS NESTA IMAGEM? QUAIS?
- VOCÊ ACHA QUE OS SERES VIVOS SE RELACIONAM COM O AMBIENTE? COMO?

CAPÍTULO 1 O AMBIENTE NATURAL E SEUS COMPONENTES

ELEMENTOS NATURAIS NÃO VIVOS

OS AMBIENTES SÃO COMPOSTOS DE **SERES VIVOS** E DE **ELEMENTOS NÃO VIVOS**.

OS ELEMENTOS QUE NÃO TÊM VIDA PODEM SER NATURAIS, COMO A ÁGUA E O AR, OU PODEM SER CONSTRUÍDOS PELO SER HUMANO, COMO AS CASAS, AS RUAS E AS PONTES.

- COMPLETE O QUADRO COM OS ELEMENTOS QUE APARECEM NA IMAGEM DESTA PÁGINA.

ELEMENTOS NÃO VIVOS		SERES VIVOS
NATURAIS	CONSTRUÍDOS PELO SER HUMANO	

HQZart/Arquivo da editora

A LUZ, O AR, A ÁGUA E O SOLO SÃO ALGUNS DOS ELEMENTOS NATURAIS QUE NÃO TÊM VIDA. NO ENTANTO ELES SÃO FUNDAMENTAIS PARA A EXISTÊNCIA DOS SERES VIVOS. POR EXEMPLO, AS PLANTAS E OS ANIMAIS NÃO CONSEGUEM SOBREVIVER SEM ÁGUA.

OS ELEMENTOS NATURAIS NÃO VIVOS ESTÃO EM CONSTANTE INTERAÇÃO COM OS SERES VIVOS.

VAMOS APRENDER MAIS SOBRE ISSO?

LEIA A HISTÓRIA EM QUADRINHOS ABAIXO.

Christiane Messias/Arquivo da editora

- **VOCÊ CONSEGUE IDENTIFICAR ALGUM SER VIVO NESSA HISTÓRIA EM QUADRINHOS? E ELEMENTOS NATURAIS QUE NÃO TÊM VIDA? QUAIS?**
- **O QUE VOCÊ PERCEBEU NA MANEIRA COMO A PLANTA CRESCEU? POR QUE SERÁ QUE ISSO ACONTECEU?**

SERES VIVOS

- CONVERSE COM OS COLEGAS E RESPONDA: COMO SABEMOS SE ALGO TEM VIDA?

ISABELA QUERIA MUITO TER UM ANIMAL DE ESTIMAÇÃO, MAS SEMPRE OUVIA SUA MÃE DIZER: "UM DIA EU TRAGO UM BICHINHO PARA VOCÊ". O TEMPO PASSAVA, E ESSE DIA PARECIA NÃO CHEGAR NUNCA.

NA VÉSPERA DO ANIVERSÁRIO DE 5 ANOS DE ISABELA, SUA MÃE TROUXE PARA CASA UMA LINDA CADELINHA!

ISABELA E A CADELINHA FICARAM MUITO PRÓXIMAS, DESDE O MOMENTO DO PRIMEIRO ENCONTRO. VEJA NA IMAGEM ABAIXO.

O TEMPO PASSOU E ISABELA NÃO DEIXOU DE CUIDAR E DE BRINCAR COM ELA UM DIA SEQUER. VEJA NA IMAGEM AO LADO O QUE ACONTECEU COM ELAS DEPOIS DE ALGUM TEMPO.

Ilustrações: Vicente Mendonça/Arquivo da editora

- OBSERVE AS IMAGENS DESTA PÁGINA E DA ANTERIOR E IDENTIFIQUE NELAS OS SERES VIVOS E OS ELEMENTOS NATURAIS NÃO VIVOS DO AMBIENTE. DEPOIS RESPONDA ÀS QUESTÕES.

A) O QUE ACONTECEU COM ISABELA E SUA CADELINHA DEPOIS DE ALGUM TEMPO?

____

____

B) ACONTECEU A MESMA COISA COM OS OUTROS ELEMENTOS DA IMAGEM?

____

____

C) O QUE VOCÊ NOTOU DE DIFERENTE ENTRE OS SERES VIVOS E OS SERES NÃO VIVOS?

____

____

NAS IMAGENS DAS PÁGINAS 14 E 15 VOCÊ OBSERVOU QUE OS SERES VIVOS SE MODIFICAM COM O PASSAR DO TEMPO.

OS SERES VIVOS **NASCEM**, **CRESCEM**, **PODEM SE REPRODUZIR** E **MORREM**. ESSAS MODIFICAÇÕES SÃO AS FASES DO **CICLO DE VIDA**.

VEJA NA IMAGEM AO LADO DUAS FASES DO CICLO DE VIDA DE UMA PLANTA.

FASES DO CICLO DE VIDA DA PLANTA DENTE-DE-LEÃO

O FILHOTE DE ONÇA-PINTADA NASCEU. AGORA, DEVERÁ CRESCER, PODERÁ SE REPRODUZIR E DEPOIS MORRERÁ. ESSAS FASES COMPÕEM O CICLO DE VIDA DESSE ANIMAL.

ONÇAS-PINTADAS.

OS ELEMENTOS NÃO VIVOS NÃO TÊM CICLO DE VIDA, MAS ELES PASSAM POR MUDANÇAS CONSTANTES CAUSADAS PELOS SERES VIVOS OU POR OUTROS ELEMENTOS DA NATUREZA.

André Seale/Pulsar Imagens

PONTE CONSTRUÍDA PELO SER HUMANO.

Marcos Amend/Pulsar Imagens

FENDA EM ROCHA FORMADA PELA AÇÃO DO VENTO E DAS ONDAS DO MAR.

- **COM OS COLEGAS, CAMINHE POR DIFERENTES ESPAÇOS DA ESCOLA E OBSERVE OS ELEMENTOS QUE FAZEM PARTE DE CADA AMBIENTE. NO CADERNO, RESPONDA ÀS QUESTÕES.**

  A) QUAIS SERES VIVOS VOCÊ OBSERVOU?

  B) ESCOLHA UM DESSES SERES VIVOS E DESENHE-O EM UMA FOLHA À PARTE.

NESTE CAPÍTULO, VOCÊ VIU QUE:

- OS AMBIENTES SÃO COMPOSTOS DE SERES VIVOS E DE ELEMENTOS NÃO VIVOS.
- A INTERAÇÃO ENTRE OS SERES VIVOS E OS ELEMENTOS NATURAIS NÃO VIVOS É CONSTANTE.
- OS ELEMENTOS NÃO VIVOS DO AMBIENTE PODEM SER NATURAIS, COMO O SOL, O AR, A ÁGUA E O SOLO, OU CONSTRUÍDOS PELO SER HUMANO, COMO AS CASAS, AS RUAS E AS PONTES.
- OS SERES VIVOS TÊM CICLO DE VIDA E NECESSITAM DOS ELEMENTOS NATURAIS NÃO VIVOS E DE OUTROS SERES VIVOS PARA SOBREVIVER.

ATIVIDADES DO CAPÍTULO

1. LEIA O TRECHO DA CANÇÃO.

HQZart/Arquivo da editora

HERDEIROS DO FUTURO

A VIDA É UMA GRANDE
AMIGA DA GENTE
NOS DÁ TUDO DE GRAÇA
PRA VIVER
SOL E CÉU, LUZ E AR
RIOS E FONTES, TERRA E MAR

SOMOS OS HERDEIROS DO FUTURO
E PRA ESSE FUTURO SER FELIZ
VAMOS TER QUE CUIDAR
BEM DESSE PAÍS
VAMOS TER QUE CUIDAR
BEM DESSE PAÍS

SERÁ QUE NO FUTURO
HAVERÁ FLORES?
SERÁ QUE OS PEIXES
VÃO ESTAR NO MAR?
SERÁ QUE OS ARCO-ÍRIS
TERÃO CORES?
E OS PASSARINHOS
VÃO PODER VOAR?
[...]

HERDEIROS DO FUTURO, DE TOQUINHO. DISPONÍVEL EM: <HTTPS://LETRAS.MUS.BR/TOQUINHO/87255/>. ACESSO EM: 22 OUT. 2015.

- NO CADERNO, ESCREVA O NOME DE SERES VIVOS E DE ELEMENTOS NÃO VIVOS DA NATUREZA CITADOS NA LETRA DA CANÇÃO.

2. PROCURE NO DIAGRAMA AO LADO NOMES DE SERES VIVOS E DE ELEMENTOS NÃO VIVOS DA NATUREZA CONFORME A ILUSTRAÇÃO.

Á	E	E	T	Y	G	D	O	A
G	T	C	P	E	I	X	E	Q
U	O	O	Z	U	R	R	Y	Ã
A	B	E	L	H	A	W	S	N
E	R	S	U	F	S	P	O	Ç
D	Y	U	Q	W	S	O	L	O
Õ	K	S	A	P	O	Y	A	K
Z	D	I	R	I	L	L	U	X

Christiane Messias/Arquivo da editora

- ESCREVA O NOME DOS SERES VIVOS.

____

- ESCREVA O NOME DOS ELEMENTOS NATURAIS QUE NÃO TÊM VIDA.

____

ENTENDER E PRATICAR CIÊNCIAS

O SOL E AS PLANTAS

VOCÊ JÁ OBSERVOU SE O SOL É NECESSÁRIO PARA AS PLANTAS? VAMOS FAZER UMA EXPERIÊNCIA?

MATERIAL

- 1 CAIXA DE SAPATOS SEM TAMPA
- 2 PEDRAS OU OUTRO OBJETO PESADO PARA GARANTIR QUE A CAIXA NÃO SAIA DO LUGAR
- 1 SACOLA PLÁSTICA

PROCEDIMENTO

1. ESCOLHA UM LOCAL DA ESCOLA QUE NÃO TENHA MUITO MOVIMENTO. É PRECISO QUE O LUGAR TENHA GRAMA E RECEBA A LUZ DO SOL.

2. POSICIONE A CAIXA COM A PARTE ABERTA VIRADA PARA BAIXO, COBRINDO A GRAMA.

3. CUBRA A CAIXA COM A SACOLA PLÁSTICA PARA EVITAR QUE ELA ENCHARQUE EM CASO DE CHUVA.

Ilustrações: Vicente Mendonça/Arquivo da editora

4. COLOQUE AS PEDRAS OU OUTRO OBJETO PESADO SOBRE A CAIXA PARA QUE ELA NÃO SAIA DO LUGAR.

LEVANTANDO HIPÓTESES

O QUE VOCÊ ACHA QUE VAI ACONTECER COM A GRAMA QUE ESTÁ EMBAIXO DA CAIXA? POR QUÊ?

HIPÓTESE: SOLUÇÃO PROVISÓRIA FORMULADA PARA DETERMINADA QUESTÃO.

OBSERVAÇÃO E REGISTRO

DEPOIS DE UMA SEMANA, RETIRE A CAIXA E OBSERVE A GRAMA QUE ESTAVA COBERTA E A QUE ESTÁ AO REDOR DA CAIXA.

5. O QUE VOCÊ NOTOU DE DIFERENTE?

____

____

6. CONVERSE COM SEUS COLEGAS SOBRE O QUE ELES OBSERVARAM.

CONCLUSÃO

7. SUA HIPÓTESE SE CONFIRMOU? O QUE ACONTECEU DE DIFERENTE?

____

____

8. A LUZ DO SOL INFLUENCIA NO CRESCIMENTO DAS PLANTAS?

____

CAPÍTULO

2 DIVERSIDADE DE AMBIENTES

AMBIENTES NATURAIS E AMBIENTES MODIFICADOS

OS AMBIENTES DO PLANETA TERRA SÃO BASTANTE VARIADOS. AS CARACTERÍSTICAS DE CADA UM DEPENDEM DOS ELEMENTOS QUE O FORMAM E DAS ALTERAÇÕES PELAS QUAIS ELES PASSARAM.

UMA MANEIRA DE CONHECER MELHOR OS AMBIENTES É OBSERVAR SUAS CARACTERÍSTICAS. A PARTIR DAÍ PODEMOS SEPARÁ-LOS EM **AMBIENTES NATURAIS** E **AMBIENTES MODIFICADOS**.

OBSERVE A IMAGEM ABAIXO E RESPONDA ÀS QUESTÕES.

- COMO É O LUGAR ONDE VOCÊ VIVE?

____

____

- QUAIS AS SEMELHANÇAS ENTRE O AMBIENTE DA IMAGEM E O DO LUGAR ONDE VOCÊ VIVE? E AS DIFERENÇAS?

____

____

____

André Dib/Pulsar Imagens

LEIA A FRASE A SEGUIR.

TODO AMBIENTE QUE TEM PLANTAS E ANIMAIS É UM AMBIENTE NATURAL.

- **VOCÊ CONCORDA COM ESSA AFIRMAÇÃO? POR QUÊ? CONVERSE COM OS COLEGAS E VEJA O QUE ELES ACHARAM.**

- **OBSERVE AS FOTOS ABAIXO E ASSINALE UM X NO QUADRINHO DA IMAGEM QUE RETRATA UM AMBIENTE NATURAL.**

Ernesto Reghran/Pulsar Imagens

ZONA RURAL, EM CORNÉLIO PROCÓPIO (PR).

Tales Azzi/Pulsar Imagens

CACHOEIRA DO IPIRANGUINHA DO PARQUE ESTADUAL SERRA DO MAR, EM CUNHA (SP).

Delfim Martins/Pulsar Imagens

BAIRRO MANGABEIRAS, BELO HORIZONTE (MG).

- **O QUE VOCÊ OBSERVOU PARA DECIDIR QUAL É O AMBIENTE NATURAL?**

____

____

____

AMBIENTE NATURAL É AQUELE EM QUE OS ELEMENTOS NÃO VIVOS E OS SERES VIVOS NÃO SOFRERAM TRANSFORMAÇÕES HUMANAS.

ESSE AMBIENTE POSSUI APENAS ELEMENTOS NATURAIS, COMO VEGETAÇÃO, ANIMAIS, RIOS, MARES, ROCHAS, MONTANHAS, ETC.

NO **AMBIENTE MODIFICADO**, O SER HUMANO FAZ ALTERAÇÕES PARA ATENDER MELHOR ÀS SUAS NECESSIDADES DE ABRIGO, ALIMENTAÇÃO E TRANSPORTE. SÃO EXEMPLOS DESSE TIPO DE AMBIENTE: ALDEIAS, CIDADES, CASAS, ETC.

VEJA ABAIXO UM EXEMPLO DE AMBIENTE NATURAL E DOIS EXEMPLOS DE AMBIENTES MODIFICADOS.

Luciano Candisani/Minden Pictures/Getty Images

PANTANAL MATO-GROSSENSE

Filipe Frazao/Shutterstock

OURO PRETO (MG). O AMBIENTE URBANO É UM EXEMPLO DE AMBIENTE MODIFICADO.

João Prudente/Pulsar Imagens

PLANTAÇÃO DE FEIJÃO. O AMBIENTE RURAL CONTÉM ELEMENTOS CONSTRUÍDOS PELO SER HUMANO.

AS DUAS IMAGENS ABAIXO MOSTRAM UM MESMO AMBIENTE EM ÉPOCAS DIFERENTES.

Augusto Malta/Arquivo G. Ermakoff

VISTA DA PRAIA DE IPANEMA COM O MORRO DOIS IRMÃOS AO FUNDO, RIO DE JANEIRO (RJ), 1924.

Adilson B. Liporage/Opção Brasil Imagens

VISTA DA PRAIA DE IPANEMA COM O MORRO DOIS IRMÃOS AO FUNDO, RIO DE JANEIRO (RJ), 2012.

- O QUE ACONTECEU NESSE AMBIENTE COM O PASSAR DO TEMPO?

____

- AS MUDANÇAS OCORRIDAS NESSE AMBIENTE FORAM BOAS PARA O SER HUMANO? POR QUÊ?

____

____

____

- OS OUTROS SERES VIVOS E OS ELEMENTOS NÃO VIVOS DESSE AMBIENTE FORAM FAVORECIDOS? POR QUÊ?

____

____

____

____

ANTES DE FAZER UMA MUDANÇA NO AMBIENTE, O SER HUMANO PRECISA PENSAR SE AS ALTERAÇÕES VÃO PREJUDICAR OS SERES NATURAIS VIVOS E NÃO VIVOS DO LOCAL.

DIFERENTES AMBIENTES AO REDOR DO PLANETA

OBSERVE A IMAGEM E CONVERSE COM OS COLEGAS SOBRE O QUE VOCÊS VEEM.

- **AGORA RESPONDA NO CADERNO.**

A) O AMBIENTE RETRATADO NA FOTO É PARECIDO COM O AMBIENTE ONDE VOCÊ VIVE? QUAIS SÃO AS SEMELHANÇAS E AS DIFERENÇAS?

B) QUE ELEMENTOS NATURAIS NÃO VIVOS APARECEM NA IMAGEM?

C) NO AMBIENTE DA FOTO É POSSÍVEL VER ÁGUA EM DUAS FORMAS DIFERENTES. QUAIS SÃO ELAS?

D) VOCÊ CONHECE O SER VIVO QUE APARECE NA FOTO? ELE SE CHAMA URSO-POLAR. QUE TAL FAZER UMA PESQUISA SOBRE ELE? JUNTE-SE A UM COLEGA E PESQUISEM SOBRE A VIDA DELE: ONDE VIVE, DO QUE SE ALIMENTA, ETC.

Banco de imagens/Arquivo da editora

O URSO-POLAR VIVE EM REGIÕES DO CÍRCULO POLAR ÁRTICO.

Shchipkova Elena/Shutterstock

NO PLANETA TERRA HÁ UMA GRANDE VARIEDADE DE AMBIENTES. FATORES COMO A TEMPERATURA, A UMIDADE, A LUMINOSIDADE E O TIPO DE SOLO FAZEM COM QUE UM AMBIENTE SEJA DIFERENTE DE OUTRO. ESSAS DIFERENÇAS INFLUENCIAM NA VARIEDADE DE SERES VIVOS QUE EXISTEM EM CADA AMBIENTE.

- **OBSERVE OS AMBIENTES MOSTRADOS NAS IMAGENS ABAIXO. QUAIS AS CARACTERÍSTICAS DE CADA UM DELES?**

Banco de imagens/Arquivo da editora

Xico Putini/Shutterstock

MATA ATLÂNTICA NO BRASIL.

Westend61/Brand X/Getty Images

DESERTO DO NAMIBE, NA NAMÍBIA.

Aleynikov Pavel/Shutterstock

AMBIENTE SUBAQUÁTICO, NO CARIBE.

NESTE CAPÍTULO, VOCÊ VIU QUE:

- OS AMBIENTES PODEM SER NATURAIS OU MODIFICADOS PELO SER HUMANO.
- EXISTEM VÁRIOS AMBIENTES NO PLANETA TERRA.
- CADA AMBIENTE TEM CARACTERÍSTICAS PRÓPRIAS.

ATIVIDADES DO CAPÍTULO

1. RAFAEL DECIDIU COMPRAR UM AQUÁRIO. ANTES DE MONTÁ-LO, PESQUISOU O ASSUNTO E COMEÇOU A IMAGINAR COMO FICARIA CADA DETALHE DE SEU AQUÁRIO.

A) COMO RAFAEL, FAÇA UMA PESQUISA SOBRE A MONTAGEM DE UM AQUÁRIO E OS CUIDADOS NECESSÁRIOS PARA MANTÊ-LO. ESCREVA OS RESULTADOS DA SUA PESQUISA NO CADERNO.

Giz de Cera/Arquivo da editora

B) FAÇA UM DESENHO ABAIXO DE COMO É OU SERIA O SEU AQUÁRIO CASO VOCÊ TIVESSE UM.

C) QUAIS SÃO OS SERES VIVOS E OS ELEMENTOS NÃO VIVOS DESSE AMBIENTE?

D) ESSE É UM AMBIENTE NATURAL OU CONSTRUÍDO PELO SER HUMANO? EXPLIQUE SUA RESPOSTA.

2. VOCÊ JÁ ESTEVE EM UM AMBIENTE NATURAL OU CONHECE ALGUM? POR QUE VOCÊ CONSIDERA ESSE AMBIENTE NATURAL?

3. LEIA A FRASE A SEGUIR.

> A RETIRADA DA VEGETAÇÃO NATURAL DE UM AMBIENTE PREJUDICA OS OUTROS SERES VIVOS DESSE LUGAR.

- VOCÊ CONCORDA COM ESSA FRASE? EXPLIQUE SUA RESPOSTA.

4. OBSERVE A FOTO AO LADO.

A) A FOTO MOSTRA UM AMBIENTE NATURAL OU MODIFICADO? O QUE VOCÊ OBSERVOU QUE COMPROVA A SUA RESPOSTA?

João Prudente/Pulsar Imagens

ZONA RURAL EM CAMANDUCAIA (MG).

B) CITE DUAS MODIFICAÇÕES FEITAS PELO SER HUMANO NO AMBIENTE QUE PODEM SER OBSERVADAS NESSA FOTO.

ENTENDER E PRATICAR CIÊNCIAS

AMBIENTE NATURAL E AMBIENTE MODIFICADO

MATERIAL

- BASE PARA A CONSTRUÇÃO DA MAQUETE (PODE SER UMA PLACA DE MADEIRA FINA)
- PEDRAS
- AREIA
- ARGILA
- SOBRAS DE PAPEL COLORIDO
- SUCATA: CAIXAS PEQUENAS, PALITOS DE SORVETE, TAMPINHAS DE GARRAFA
- GRAVETOS
- COLA, TESOURA E LÁPIS DE COR

1ª ETAPA

- FORME UM GRUPO COM OS COLEGAS E ESCOLHAM QUAL AMBIENTE NATURAL SERÁ REPRESENTADO NA MAQUETE QUE VOCÊS CONSTRUIRÃO.

PROCEDIMENTO

- CONSTRUAM A MAQUETE REPRODUZINDO O AMBIENTE ESCOLHIDO.

Ilustrações: Vicente Mendonça/Arquivo da editora

2ª ETAPA

- AGORA SEU GRUPO TROCARÁ DE MAQUETE COM OUTRO GRUPO. VOCÊS TRANSFORMARÃO O AMBIENTE NATURAL QUE O OUTRO GRUPO CONSTRUIU EM UM AMBIENTE MODIFICADO.
- ANTES DE COMEÇAREM A FAZER AS MODIFICAÇÕES, OBSERVEM BEM A MAQUETE INICIAL. SE POSSÍVEL, FOTOGRAFEM PARA DEPOIS COMPARAREM A MAQUETE ORIGINAL COM A MAQUETE FINAL.

OBSERVAÇÃO E REGISTRO

- AGORA QUE VOCÊS JÁ CONCLUÍRAM AS DUAS ETAPAS DESTE TRABALHO, RESPONDA.

A) EM QUAL DAS FASES DE CONSTRUÇÃO DAS MAQUETES VOCÊS REPRESENTARAM MAIS ELEMENTOS DA NATUREZA?

B) AS MUDANÇAS QUE VOCÊS FIZERAM NO AMBIENTE BENEFICIARAM O SER HUMANO E OS OUTROS SERES VIVOS? DE QUE FORMA?

C) SEU GRUPO INCLUIU PESSOAS EM ALGUM DOS AMBIENTES REPRESENTADOS? POR QUÊ?

CAPÍTULO

3 OLHANDO DE PERTO

AMBIENTES AQUÁTICOS

LEIA UM TRECHO DO LIVRO **A ESCOLINHA DO MAR**.

A ESCOLA DA DONA OSTRA FICA LÁ NO FUNDO DO MAR.

NESSA ESCOLA, AS AULAS SÃO MUITO DIFERENTES.

O DR. CAMARÃO, POR EXEMPLO, DÁ AULAS AOS PEIXINHOS MENORES:

— UM PEIXE INTELIGENTE PRESTA ATENÇÃO ÀQUILO QUE COME. NÃO COME MINHOCA COM ANZOL DENTRO. NUNCA!

[...]

E O MAESTRO VILLA-PEIXES ENSINA AOS ALUNOS LINDAS CANÇÕES:

"COMO PODE O PEIXE VIVO

VIVER FORA D'ÁGUA FRIA..."

OS ALUNOS DESSA ESCOLA NÃO SÃO APENAS PEIXES.

HÁ, POR EXEMPLO, ESTELA, A PEQUENA ESTRELA-DO-MAR, TÃO GRACIOSA, QUE É A PRIMEIRA ALUNA DA AULA DE BALÉ.

HÁ LULITA, A PEQUENA LULA, QUE É A PRIMEIRA EM CALIGRAFIA PORQUE JÁ TEM, DENTRO DELA, PENA E TINTA.

E HÁ O SIRI-PATOLA, QUE SÓ SABE ANDAR DE LADO E POR ISSO NUNCA ACOMPANHA A AULA DE GINÁSTICA.

A ESCOLINHA DO MAR, DE RUTH ROCHA. SÃO PAULO: SALAMANDRA, 2009.

Giz de Cera/Arquivo da editora

- **CIRCULE, NO TEXTO ACIMA, O NOME DOS ANIMAIS QUE VOCÊ ACHA QUE VIVEM NO MAR.**
- **A CANÇÃO CITADA NO TEXTO DIZ: "COMO PODE O PEIXE VIVO / VIVER FORA D´ÁGUA FRIA". VOCÊ ACHA QUE É POSSÍVEL PARA UM PEIXE VIVER FORA DA ÁGUA? POR QUÊ? DISCUTA COM OS COLEGAS E O PROFESSOR.**

COMO JÁ VIMOS, EXISTEM DIVERSOS AMBIENTES NO PLANETA TERRA. HÁ DIFERENÇAS NA QUANTIDADE E NA VARIEDADE DOS ELEMENTOS QUE OS COMPÕEM.

DE ACORDO COM AS CARACTERÍSTICAS, OS AMBIENTES PODEM SER CLASSIFICADOS EM **TERRESTRES** E **AQUÁTICOS.**

OS **AMBIENTES AQUÁTICOS** SÃO COBERTOS POR ÁGUA; ELES PODEM TER ÁGUA SALGADA OU ÁGUA DOCE.

OS OCEANOS E OS MARES SÃO FORMADOS POR ÁGUA SALGADA E OCUPAM A MAIOR PARTE DA SUPERFÍCIE DA TERRA.

OS RIOS, OS LAGOS E AS REPRESAS SÃO EXEMPLOS DE AMBIENTES DE ÁGUA DOCE.

EM CADA TIPO DE AMBIENTE HÁ SERES VIVOS ADAPTADOS À VIDA NAQUELE LOCAL.

ADAPTADOS: QUE POSSUEM CARACTERÍSTICAS ESPECIAIS PARA VIVER EM DETERMINADO AMBIENTE.

Elisei Shafer/Shutterstock

RIO

Catalin Petolea/Shutterstock

LAGO

Elisei Shafer/Shutterstock

MAR

AMBIENTES TERRESTRES

OS **AMBIENTES TERRESTRES** SÃO MUITO VARIADOS. ELES SÃO AGRUPADOS DE ACORDO COM O TIPO DE SOLO E A QUANTIDADE DE CHUVA, DE PLANTAS E DE ANIMAIS, ENTRE OUTROS FATORES.

AS FLORESTAS E OS DESERTOS SÃO EXEMPLOS DE AMBIENTES TERRESTRES.

A MAIOR PARTE DOS LUGARES CONSTRUÍDOS PELO SER HUMANO, COMO CIDADES, PLANTAÇÕES, PARQUES E JARDINS, TAMBÉM SÃO EXEMPLOS DE AMBIENTES TERRESTRES.

- O AMBIENTE EM QUE VOCÊ MORA SE PARECE COM ALGUM DOS AMBIENTES DAS FOTOS? POR QUÊ?

____

____

Palê Zuppani/Pulsar Imagens

AS FLORESTAS TROPICAIS SÃO AMBIENTES QUENTES E ÚMIDOS. ESSAS CARACTERÍSTICAS FAVORECEM A DIVERSIDADE DE PLANTAS E ANIMAIS.

Ev Thomas/Shutterstock

OS DESERTOS SÃO AMBIENTES SECOS, ONDE QUASE NÃO CHOVE. NELES, AS PLANTAS E OS ANIMAIS SOFREM ADAPTAÇÕES PARA VIVER COM POUCA ÁGUA.

PENSE EM QUANTOS TIPOS DE SERES VIVOS VOCÊ CONHECE. VOCÊ DEVE TER NOTADO QUE ELES SÃO DIFERENTES UNS DOS OUTROS E TAMBÉM QUE VIVEM EM AMBIENTES DIVERSOS.

MUITAS CARACTERÍSTICAS DOS SERES VIVOS ESTÃO ASSOCIADAS A SEU *HABITAT*. ISSO ACONTECE PORQUE, PARA SOBREVIVER, OS SERES VIVOS PRECISAM DE ALIMENTO, DE ÁGUA E DE PROTEÇÃO.

HABITAT: ESPAÇO ONDE OS SERES VIVOS VIVEM E SE DESENVOLVEM.

- **MARQUE NOS QUADRINHOS A LETRA A PARA OS SERES VIVOS QUE HABITAM AMBIENTES AQUÁTICOS E A LETRA T PARA OS QUE HABITAM AMBIENTES TERRESTRES. ESCREVA ABAIXO DA FOTO O NOME DO SER VIVO.**

Shutterstock/Glow Images

☐ ______________________________

Mircea Bezergheanu/Shutterstock

☐ ______________________________

Liquid Productions, LLC/Shutterstock

☐ ______________________________

Thomaz Vita Neto/Pulsar Imagens

☐ ______________________________

LEITURA DE IMAGEM

O SER HUMANO E O AMBIENTE

O AMBIENTE É COMPOSTO DE SERES VIVOS E DE ELEMENTOS NÃO VIVOS. ENTRE OS SERES VIVOS, ESTAMOS NÓS, OS SERES HUMANOS.

OBSERVE

Yves Lefêvre/biosphoto/Agência France-Presse

1. O QUE A FOTOGRAFIA MOSTRA?

2. DE TUDO O QUE A FOTOGRAFIA MOSTRA, O QUE VOCÊ VÊ PRIMEIRO? POR QUÊ?

3. A IMAGEM MOSTRA UMA RELAÇÃO DE HARMONIA ENTRE O SER HUMANO E O AMBIENTE OU UMA RELAÇÃO DE DESTRUIÇÃO? POR QUÊ?

ANALISE

4. COMPARE O TAMANHO DO SER HUMANO COM O TAMANHO DA BALEIA E DO OCEANO. O QUE VOCÊ IMAGINA QUE O FOTÓGRAFO QUIS MOSTRAR COM ISSO?

RELACIONE

NÓS NOS RELACIONAMOS COM OUTROS SERES VIVOS E COM SERES NÃO VIVOS. MAS, PARA QUE O AMBIENTE NÃO SEJA PREJUDICADO, PRECISAMOS SABER HABITÁ-LO.

5. NO CADERNO, RESPONDA: VOCÊ SE CONSIDERA UMA PESSOA QUE SABE HABITAR O AMBIENTE SEM MALTRATÁ-LO? POR QUÊ?

CONSERVAÇÃO DO AMBIENTE

LEIA A FRASE A SEGUIR.

> UM AMBIENTE LIMPO NÃO É AQUELE QUE LIMPAMOS O TEMPO TODO. UM AMBIENTE LIMPO É AQUELE QUE SUJAMOS POUCO.

- **CONVERSE COM OS COLEGAS SOBRE O QUE VOCÊ ENTENDEU DESSA FRASE.**

OS COMPONENTES NATURAIS VIVOS E NÃO VIVOS DE UM AMBIENTE SE RELACIONAM ENTRE SI. POR ISSO, É IMPORTANTE PRESERVAR OS AMBIENTES E SEUS COMPONENTES NATURAIS.

OS AMBIENTES MODIFICADOS OU CONSTRUÍDOS TAMBÉM PRECISAM SER CONSERVADOS PARA UMA CONVIVÊNCIA SAUDÁVEL ENTRE OS SERES QUE OS HABITAM OU FREQUENTAM.

- **OBSERVE A IMAGEM ABAIXO.**

A) O QUE VOCÊ ACHA DA ATITUDE DA MENINA DA CENA? POR QUÊ?

____

____

B) SE VOCÊ TEM ALGO PARA JOGAR NO LIXO E A LIXEIRA ESTÁ DISTANTE, O QUE VOCÊ FAZ?

____

____

____

- NAS IMAGENS DESTA PÁGINA E DA ANTERIOR APARECEM DUAS CRIANÇAS COM ATITUDES QUE NÃO DEMONSTRAM CUIDADO COM O AMBIENTE.

  A) QUAIS SÃO ESSAS ATITUDES?

  ____

  B) VOCÊ CONSIDERA ESSAS ATITUDES NEGATIVAS? POR QUÊ?

  ____

  C) SE VOCÊ VISSE UM AMIGO TENDO UMA DESSAS ATITUDES, O QUE VOCÊ FARIA?

  ____

  ____

  D) E DENTRO DA SALA DE AULA, QUAIS ATITUDES DEMONSTRAM CUIDADO COM O AMBIENTE? VOCÊ TEM ESSAS ATITUDES?

  ____

  ____

HQZart/Arquivo da editora

NESTE CAPÍTULO, VOCÊ VIU QUE:

- EXISTEM AMBIENTES AQUÁTICOS E TERRESTRES.
- OS SERES VIVOS POSSUEM ADAPTAÇÕES AOS AMBIENTES EM QUE VIVEM.
- É IMPORTANTE PRESERVAR OS AMBIENTES NATURAIS PARA A MANUTENÇÃO DA VARIEDADE DE SERES VIVOS.
- OS AMBIENTES MODIFICADOS OU CONSTRUÍDOS TAMBÉM DEVEM SER CONSERVADOS.

ATIVIDADES DO CAPÍTULO

1. OBSERVE A PRAÇA PERTO DA CASA DE BIA.

Rubem Filho/Arquivo da editora

A) A QUEM PERTENCE ESSE ESPAÇO?

- [ ] A TODAS AS PESSOAS.
- [ ] ÀS PESSOAS QUE MORAM AO REDOR DA PRAÇA.
- [ ] A BIA E SUA FAMÍLIA.

B) CIRCULE NA IMAGEM O QUE IMPEDE AS CRIANÇAS DE BRINCAR NESSA PRAÇA.

C) EM SUA OPINIÃO, O QUE PRECISA SER FEITO PARA QUE ESSE ESPAÇO POSSA SER FREQUENTADO E UTILIZADO PELAS PESSOAS?

____

____

____

2. AJUDE A ESCREVER PLACAS COM NORMAS PARA A PRAÇA PERTO DA CASA DE BIA.

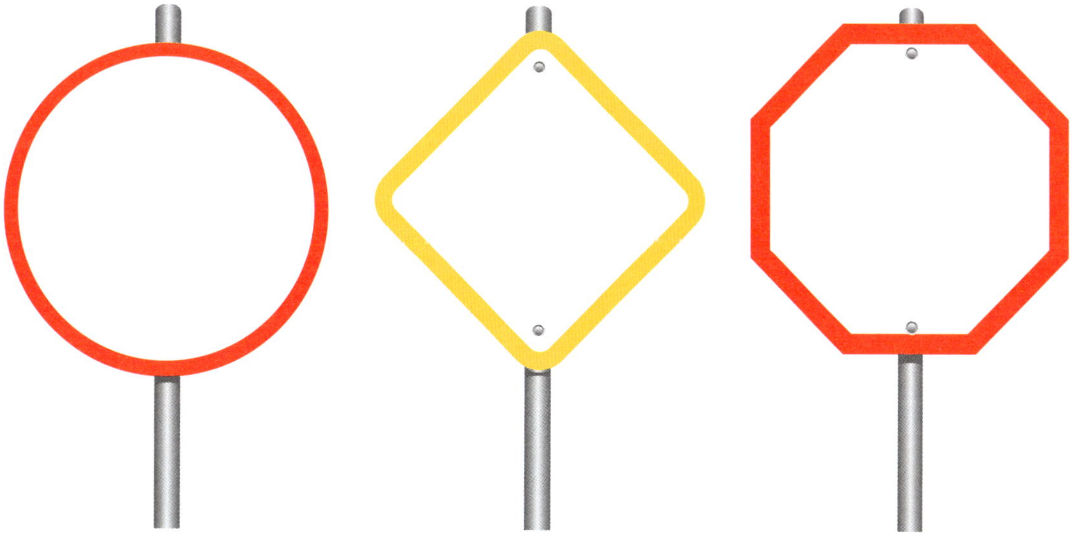

Banco de imagens/ Arquivo da editora

3. PROCURE NO DIAGRAMA E PINTE:

DE (verde): TRÊS EXEMPLOS DE AMBIENTES AQUÁTICOS;

DE (laranja): TRÊS EXEMPLOS DE AMBIENTES TERRESTRES.

A	B	F	E	M	U	E	R	X	N
T	I	L	C	A	J	I	G	H	Q
E	L	O	D	I	R	A	J	A	U
A	D	R	I	C	I	D	A	D	E
O	C	E	A	N	O	U	R	I	V
I	V	S	R	U	M	A	D	L	P
Q	U	T	E	Z	O	B	I	N	U
E	L	A	G	O	T	K	M	O	N

ENTENDER E PRATICAR CIÊNCIAS

OBSERVAÇÃO DOS ARREDORES DA ESCOLA

PROGRAMAÇÃO

- O PROFESSOR VAI LEVAR VOCÊ E SUA TURMA PARA CONHECER MELHOR O AMBIENTE EM QUE ESTÁ A SUA ESCOLA E OBSERVAR SEUS COMPONENTES. NÃO SE ESQUEÇA DE LEVAR LÁPIS E CADERNO PARA ANOTAR O QUE VOCÊ OBSERVAR.

ROTEIRO

- COM OS COLEGAS, ELABORE UM ROTEIRO DO QUE OBSERVAR NO AMBIENTE. VEJA ABAIXO UMA SUGESTÃO.

1. O AMBIENTE É NATURAL OU FOI MODIFICADO PELO SER HUMANO?
2. QUE ELEMENTOS NATURAIS NÃO VIVOS VOCÊ CONSEGUE IDENTIFICAR NO AMBIENTE? DE QUE FORMA VOCÊ PERCEBE A PRESENÇA DELES?
3. VOCÊ VÊ ALGUM COMPONENTE DO AMBIENTE CONSTRUÍDO PELO SER HUMANO? QUAL(IS)?
4. VOCÊ CONSEGUE VER OU ESCUTAR ALGUM ANIMAL? QUAL(IS)?
5. VOCÊ NOTOU A PRESENÇA DE PLANTAS? ELAS SÃO GRANDES OU PEQUENAS?

Vicente Mendonça/Arquivo da editora

REGISTRO E COMUNICAÇÃO DOS DADOS

- EM GRUPOS, FAÇAM UM REGISTRO DE TUDO AQUILO QUE VOCÊS OBSERVARAM NO AMBIENTE AO REDOR DA ESCOLA. ESCOLHAM UMA MANEIRA DE REPRESENTAR O QUE DESCOBRIRAM: PODE SER UM DESENHO, UM TEXTO, UMA HISTÓRIA EM QUADRINHOS, UMA MÚSICA, ENTRE OUTRAS.
- DEPOIS APRESENTEM A PRODUÇÃO AOS DEMAIS COLEGAS E AO PROFESSOR.

LER E ENTENDER

VOCÊ GOSTA DE GIBIS? JÁ LEU ALGUM? QUAL É O SEU PERSONAGEM PREFERIDO?

AS HISTÓRIAS PUBLICADAS NOS GIBIS RECEBEM O NOME DE HISTÓRIAS EM QUADRINHOS (HQs).

NA HISTÓRIA EM QUADRINHOS A SEGUIR VOCÊ VAI CONHECER UMA PERSONAGEM DA TURMA DA MÔNICA CHAMADA MARINA. COMO VOCÊ IMAGINA QUE ELA SEJA? LEIA A HISTÓRIA E CONFIRA!

DISPONÍVEL EM: <HTTPS://CAGEOS.WORDPRESS.COM/2012/09/05/UTILIZACAO-DAS-HISTORIAS-EM-QUADRINHO-NA-SALA-DE-AULA/>. ACESSO EM: 29 OUT. 2015.

ANALISE

1. ESSA HISTÓRIA EM QUADRINHOS NÃO FAZ PARTE DE UM GIBI. SOBRE ISSO, RESPONDA:

   A) ONDE ELA FOI PUBLICADA?

   ____

   B) ONDE VOCÊ ENCONTROU ESSA INFORMAÇÃO?

   ____

2. OBSERVE OS TRÊS PRIMEIROS QUADRINHOS E RESPONDA:

   A) COMO SÃO OS LUGARES POR ONDE A MARINA PASSA?

   ____

   ____

   B) COMO ELA SE SENTIU AO VER ESSES LUGARES? FAÇA UM **X** NA RESPOSTA.

   ☐ CONTENTE ☐ TRANQUILA ☐ ESPANTADA

3. NO ÚLTIMO QUADRINHO, MARINA ESTÁ EM UM SETOR DE ACHADOS E PERDIDOS. O QUE ELA ESTÁ PROCURANDO?

   ____

   ____

RELACIONE

4. DO PRIMEIRO AO TERCEIRO QUADRINHOS APARECEM AMBIENTES NATURAIS QUE FORAM MODIFICADOS PELO SER HUMANO. QUAIS MODIFICAÇÕES VOCÊ OBSERVOU?

O QUE APRENDI?

1. OBSERVE NOVAMENTE A IMAGEM DA ABERTURA DA UNIDADE E COMPARE-A COM OUTRA FIGURA.

Ilustrações: Christiane Messias/Arquivo da editora

- IDENTIFIQUE QUAL IMAGEM REPRESENTA UM AMBIENTE:

  A) COM CONSTRUÇÕES FEITAS PELO SER HUMANO: ☐

  B) NATURAL: ☐

2. PREENCHA O QUADRO COMPLETANDO CADA LINHA COM ALGO QUE VOCÊ OBSERVOU NAS IMAGENS DA PÁGINA AO LADO.

	ITEM OBSERVADO
SER VIVO	
ELEMENTO NATURAL	
ELEMENTO NÃO VIVO	
AMBIENTE NATURAL	
CONSTRUÇÃO FEITA PELO SER HUMANO	

3. ESTE É O MOMENTO DE PENSAR NO QUE VOCÊ APRENDEU NESTA UNIDADE. INDIQUE COM UM **X** NA TABELA.

CONTEÚDOS ESTUDADOS	COMPREENDI ESTE CONTEÚDO	FIQUEI COM ALGUMAS DÚVIDAS E PRECISO RETOMAR	NÃO COMPREENDI E PRECISO RETOMAR
CAPÍTULO 1 SERES VIVOS E ELEMENTOS NÃO VIVOS			
CAPÍTULO 2 AMBIENTES NATURAIS E AMBIENTES MODIFICADOS			
CAPÍTULO 3 AMBIENTES AQUÁTICOS E AMBIENTES TERRESTRES			

CONVERSE COM OS COLEGAS E O PROFESSOR PARA ENTENDER MELHOR O SEU APROVEITAMENTO E ASSIM INICIAR O ESTUDO DA PRÓXIMA UNIDADE.

UNIDADE 2

AS PLANTAS

- O que você vê na imagem?
- Você conhece algumas das plantas que aparecem na imagem? Quais?

Bukhanovskyy/Shutterstock

CAPÍTULO

4 CARACTERÍSTICAS DAS PLANTAS

SEMELHANÇAS E DIFERENÇAS ENTRE AS PLANTAS

As plantas — também chamadas de vegetais — são seres vivos muito importantes nos ambientes. Elas podem servir de alimento e abrigo a muitos animais e proteger o solo da chuva e do vento.

- No caderno, desenhe uma planta que você conheça e pinte da mesma cor que a planta real.
- Compare a planta que você desenhou com a de um colega e preencha a tabela abaixo com o que perceberam de semelhante e de diferente entre elas.

Semelhanças	Diferenças

As plantas possuem algumas características comuns:

- são seres vivos, ou seja, têm ciclo de vida;
- produzem seu próprio alimento e para isso dependem de elementos naturais que não têm vida, como água, ar, sais minerais e luz;
- não se locomovem.

Existe uma grande variedade de plantas em nosso planeta, tanto terrestres quanto aquáticas. Algumas plantas são pequenas, outras são muito grandes. Umas vivem pouco tempo, e outras vivem por muitos anos.

Simone Ziasch/Arquivo da editora

AS PLANTAS E OS AMBIENTES

Você já deve ter visto diferentes tipos de plantas, como árvores, arbustos e plantas rasteiras de jardim, que em geral vivem em ambientes terrestres.

As características das plantas estão relacionadas aos ambientes em que elas vivem.

Veja na foto abaixo uma planta típica de um ambiente terrestre e seco.

A barriguda, ou paineira-branca, é uma árvore que armazena água no interior de seu caule. Foto de Paramirim (BA), 2013.

- Essa planta possui uma característica que favorece sua sobrevivência em ambiente seco. Converse com seus colegas e responda: que característica é essa?

____

____

____

Há regiões no planeta que são muito frias e recebem pouca chuva e pouca luz. Nesses lugares, o solo fica coberto por gelo a maior parte do ano, o que dificulta o desenvolvimento de solo espesso e o crescimento de árvores.

Nesses ambientes muito frios uma vegetação rasteira pode crescer sobre a superfície de rochas. Observe abaixo alguns vegetais que vivem nesse tipo de ambiente.

ajiiikala/Flickr RF/Getty Images

A tundra é uma vegetação rasteira que se estabelece em regiões de temperaturas muito baixas da Terra, como no norte da Europa.

Em florestas quentes e úmidas existe uma grande variedade de plantas com formas e cores diversas.

Panoramic Images/Getty Images

Floresta Amazônica, Amazônia (BR).

Claude Monet foi um pintor francês. Em 1883, quando foi morar na cidade de Giverny, na França, começou a fazer um jardim em sua casa, o qual serviu de inspiração para muitas de suas obras.

- **Observe a pintura feita por Monet e compare com a foto. Ambas retratam o jardim da casa do pintor.**

Reprodução/Museu Metropolitano de Arte, Nova York, EUA.

A ponte japonesa, de Claude Monet, óleo sobre tela, em 1900.

Robert Harding Picture Library/Alamy/Glow Images

Foto da ponte japonesa em 2012.

a) As plantas que aparecem no jardim são todas iguais? Que diferenças você percebeu?

____

____

b) Aparecem plantas aquáticas? O que você observou nas imagens que comprova a sua resposta?

____

____

As plantas aquáticas podem ser flutuantes, como as que aparecem no jardim de Monet, ou fixas e cobertas por água.

Conheça abaixo algumas plantas aquáticas.

As imagens não estão em tamanho proporcional entre si.

Christiane Messias/Arquivo da editora

NESTE CAPÍTULO, VOCÊ VIU QUE:

- Existe uma grande variedade de plantas.
- As plantas estão adaptadas aos ambientes em que vivem.
- As plantas podem viver em ambientes aquáticos ou terrestres.

ATIVIDADES DO CAPÍTULO

1. A mãe de Fabiana fez aniversário e ganhou um vaso de flores.

Simone Ziasch/Arquivo da editora

a) A planta que a mãe de Fabiana ganhou é terrestre ou aquática?

____

____

b) Assim que viu as flores murchas, Fabiana disse:

"Por que isso aconteceu com a planta?". Você saberia responder?

____

____

2. No quadro abaixo, cada formato de folha corresponde a uma letra do alfabeto. Veja:

Ilustrações: Simone Ziasch/Arquivo da editora

Agora indique a letra que cada folha representa e descubra do que as plantas necessitam para sobreviver.

e  .

- Escreva aqui o que você descobriu.

____

____

3. Leia o que Ricardo disse sobre plantas aquáticas ao observar um lago:

Você concorda com ele? Por quê?

____

____

ENTENDER E PRATICAR CIÊNCIAS

COLEÇÃO DE FOLHAS

Você sabe o que é um herbário?

Herbário é uma coleção de plantas prensadas e secas com informações sobre a espécie, o local de coleta, etc.

Mãos à obra! Chegou sua vez de construir um herbário.

MATERIAL

- folhas de cinco plantas diferentes
- cola branca líquida
- cartolina
- jornal
- livros ou outros objetos pesados

Preparação

1. Colete folhas de cinco plantas diferentes.
2. Procure identificar o nome da planta de onde veio cada folha que você coletou.
3. Registre na cartolina:
   - nome da planta a que a folha pertence;
   - características da planta: se está ou não com flores, se vive em locais mais úmidos ou mais secos, se vive na sombra ou sob o sol;
   - local e data em que foi feita a coleta.

Ilustrações: Vicente Mendonça/Arquivo da editora

Montagem

4. Coloque as folhas das plantas que você coletou entre páginas de jornal.

5. Ponha livros ou outros objetos pesados em cima das páginas de jornal.

6. Escolha um local para deixar as folhas coletadas secando por duas semanas. Deve ser um lugar seco e arejado.

Atenção
Você não pode ingerir nenhuma parte da planta, nem mesmo os frutos.

7. Quando estiverem secas, retire as folhas de dentro do jornal e cole-as em uma cartolina. Escreva perto de cada uma delas as informações que você já registrou.

Exposição

8. Organize, com os colegas e o professor, uma exposição das cartolinas montadas pela classe, para que todos vejam as folhas coletadas.

9. Das folhas expostas, escolha aquela de que você mais gostou e desenhe-a numa folha de papel à parte. Por que você gostou mais dessa folha? O que mais chamou a sua atenção nela?

____

____

CAPÍTULO 5

CONHECENDO MAIS AS PLANTAS

PARTES DAS PLANTAS

A raiz, o caule e as folhas são partes da maioria das plantas. Algumas delas também têm flores, frutos e sementes.

Observe o tomateiro ao lado e conheça um pouco mais cada uma de suas partes.

As imagens não estão em tamanho proporcional entre si.

RAIZ

A raiz é a parte da planta que geralmente fica debaixo do solo, nas plantas terrestres, e submersa na água, nas plantas aquáticas. Ela fixa a planta e realiza a absorção de água e sais minerais.

Existem diferentes tipos de raízes. Veja a seguir:

A raiz da cebolinha fixa a planta e absorve água e sais minerais do solo.

As raízes do aguapé absorvem os nutrientes diluídos na água.

As raízes das orquídeas fixam a planta e absorvem a água presente no ar.

CAULE

Simone Ziasch/Arquivo da editora

Manuela resolveu fazer uma experiência. Acompanhe e faça você também!

Ela separou um copo com água e misturou um pouco de corante comestível vermelho. Depois, pegou uma flor branca e, com uma tesoura sem pontas, fez um corte no caule da flor e a colocou no copo.

Peça ajuda a um adulto para usar a tesoura.

- **O que você acha que acontecerá com a flor após algumas horas? Explique sua resposta.**

____

____

O caule transporta a água e os sais minerais absorvidos pelas raízes e os nutrientes produzidos nas folhas para todas as partes da planta. Na experiência, o caule transportará o corante, deixando a flor avermelhada.

O caule também pode sustentar os galhos, as folhas, as flores e os frutos.

Agora, veja as imagens abaixo e responda: os caules são todos iguais?

WDG Photo/Shutterstock

As árvores possuem caule rígido, chamado tronco.

Fabio Colombini/Acervo do fotógrafo

A melancia tem um caule rastejante, que cresce apoiado no solo.

Bernadette Heath/Shutterstock

O caule do cacto armazena água em seu interior.

As imagens não estão em tamanho proporcional entre si.

FOLHA

respiração: quebra de alimento em partes menores com a liberação de energia.

transpiração: perda de água para o ambiente.

A folha realiza funções fundamentais para a vida do vegetal: respiração, transpiração e produção de alimento. Ela produz o alimento da planta utilizando a água absorvida pela raiz, a luz e o ar do ambiente.

As folhas têm formas e cores muito variadas. Veja alguns exemplos.

As imagens não estão em tamanho proporcional entre si.

Imagens de algumas folhas, com diferentes formas.

Fotos: Archiwiz/Shutterstock e Wiboon Wiratthanaphan/Shutterstock/Glow Images

FLOR

A maioria das plantas tem flores. A flor é a parte da planta que está relacionada à reprodução. A partir da flor são formados os frutos e as sementes.

reprodução: processo pelo qual os seres vivos dão origem a seus descendentes.

Também há uma variedade muito grande de flores. Elas apresentam tamanho, cor, forma e cheiro diferentes.

Fotos: Madlen/Shutterstock

As imagens não estão em tamanho proporcional entre si.

Imagens de algumas flores, com diferentes formas e cores.

FRUTO E SEMENTE

Estas fotos mostram o mesmo tipo de planta em momentos diferentes.

- **O que aconteceu com as flores que estavam na planta? Converse com seus colegas.**

As imagens não estão em tamanho proporcional entre si.

chrupka/Shutterstock/Glow Images

Flor da árvore pereira.

Fotokostic/Shutterstock/Glow Images

Pera, fruto da árvore pereira.

Uma parte da flor da pereira deu origem às sementes, e outra parte deu origem ao fruto.

Geralmente os frutos têm em seu interior uma ou mais sementes.

sai0112/Shutterstock/Glow Images

Anna Kucherova/Shutterstock/Glow Images

Maks Narodenko/Shutterstock/Glow Images

A semente dá origem a uma nova planta por meio de um processo chamado **germinação**.

As imagens não estão em tamanho proporcional entre si.

Bogdan Wankowicz/Shutterstock

Germinação da semente de feijão.

Algumas plantas também podem se reproduzir por meio de uma de suas partes, que podem gerar uma nova planta.

Fabio Colombini/Acervo do fotógrafo

1. Parte da folha da violeta é colocada na água e, após algum tempo, brotam raízes.

Fabio Colombini/Acervo do fotógrafo

2. Nesse momento, a folha com raiz pode ser replantada.

ASB63/Shutterstock/Glow Images

3. Uma nova planta se desenvolverá.

CICLO DE VIDA DAS PLANTAS

As plantas necessitam de água, ar, luz e sais minerais para viver.

Assim como os outros seres vivos, as plantas também têm um ciclo de vida. Nascem, crescem, se desenvolvem, podem se reproduzir e morrem.

As imagens não estão em tamanho proporcional entre si.

Ciclo de vida da goiabeira.

Mauro Nakata/Arquivo da editora

NESTE CAPÍTULO, VOCÊ VIU QUE:

- As plantas são divididas em partes, que desempenham funções específicas.
- As principais partes das plantas são raiz, caule e folhas; muitas plantas também apresentam flores, frutos e sementes.
- As plantas têm ciclo de vida.

ATIVIDADES DO CAPÍTULO

1. Maria Clara foi a uma festa de aniversário. Veja o que ela ganhou de lembrança.

HOZart/Arquivo da editora

Assim que chegou em casa, Maria Clara mostrou para a mãe o *kit* de jardinagem que ganhou e foi correndo para o quintal plantar as sementes no vaso.

a) Dê duas dicas para que a planta se desenvolva.

____

____

____

b) Mesmo com muitos cuidados, um dia a planta de Maria Clara morrerá. Por quê?

____

____

2. Numere a segunda coluna de acordo com a primeira, relacionando cada parte de uma planta com as informações correspondentes.

A. semente	☐ Participa da reprodução de algumas plantas.
B. folha	☐ Pode dar origem a uma nova planta.
C. fruto	☐ Realiza a respiração, a transpiração e a produção de alimento.
D. flor	☐ Protege a semente.

3. Imagine que o fruto de uma árvore tenha caído no solo. O que acontecerá depois de algum tempo? Observe a sequência de imagens e desenhe no quadro o que você acha que vai acontecer. Depois, veja os desenhos que seus colegas fizeram e conte a eles o que você pensou.

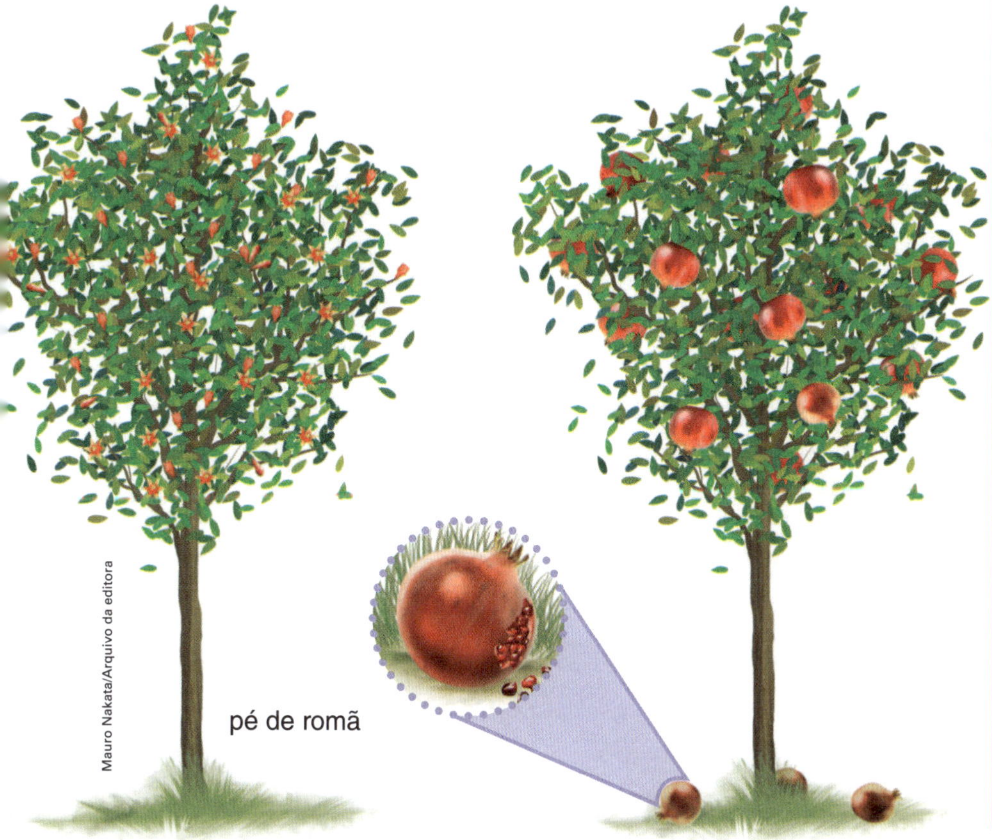

pé de romã

ENTENDER E PRATICAR CIÊNCIAS

AS PLANTAS TRANSPIRAM?

Vamos fazer um experimento para comprovar que as plantas transpiram e ver como isso acontece?

Montagem

1. Envolva os galhos da planta com um saco plástico transparente.
2. Feche o saco plástico com um pedaço de barbante. Não deixe nenhum espaço aberto.
3. Deixe os galhos dentro do saco plástico por algumas horas.
4. Ao lado, deixe o outro saco plástico vazio amarrado com outro pedaço de barbante. Ele será o controle, usado para comparar o que aconteceu entre os dois sacos ao final do experimento.

Ilustrações: Vicente Mendonça/Arquivo da editora

MATERIAL

- 1 vaso com uma planta de pequeno porte que tenha muitos galhos e folhas
- 2 sacos plásticos transparentes
- 2 pedaços de barbante de 30 centímetros, aproximadamente

LEVANTANDO HIPÓTESES

- O que você acha que vai acontecer depois de algumas horas? Por quê?
- Verifique se seus colegas têm uma hipótese diferente da sua.

Observação

Observe a montagem de hora em hora e registre se você notou alguma mudança.

	Depois de 1 hora	Depois de 2 horas	Depois de 3 horas
Não notei nenhuma mudança.			
Notei uma pequena mudança.			
Notei uma grande mudança.			

Conclusão

5. A sua hipótese se confirmou?

6. Converse com seus colegas e registre: por que a parte interna do saco plástico que envolveu a planta ficou com gotas de água? De onde veio essa água?

CAPÍTULO 6

CUIDADOS COM AS PLANTAS

PLANTAS CULTIVADAS

Algumas plantas surgem sem ajuda do ser humano. Outras são plantadas por ele para atender às suas necessidades de alimentação, obtenção de energia, medicamentos, roupas, etc.: são as chamadas **plantas cultivadas**.

Podemos encontrá-las em diversos ambientes construídos, como parques, jardins, hortas, pomares ou grandes plantações.

- As plantas de um jardim e de uma horta são utilizadas pelo ser humano com a mesma finalidade? Qual é a diferença?

____

____

- Que plantas você utiliza em sua alimentação?

____

As imagens não estão em tamanho proporcional entre si.

1000 Words/Shutterstock

Jardim

Smileus/Shutterstock

Horta

As características de cada ambiente interferem no desenvolvimento das plantas cultivadas: solos ricos em nutrientes são bastante férteis; já os solos pobres em nutrientes necessitam ser modificados para o cultivo.

férteis: que possuem condições adequadas para o desenvolvimento de novos seres vivos.

Conheça algumas das etapas do cultivo das plantas.

ozicki/Shutterstock

Preparo do solo

sima/Shutterstock

Plantio

PavleMarjanovic/Shutterstock

Irrigação

Mykola Mazuryk/Shutterstock

Colheita

As imagens não estão em tamanho proporcional entre si.

Partes de algumas plantas ou plantas inteiras são usadas na alimentação humana e de outros animais. Veja alguns exemplos.

Raízes

Anna Kucherova/Shutterstock/Glow Images

beterraba

Nattika/Shutterstock/Glow Images

cenoura

Caules

Nattika/Shutterstock/Glow Images

batata-inglesa

Jiang Hongyan/Shutterstock/Glow Images

cana-de-açúcar

Folhas

Svitlana-Ua/Shutterstock/Glow Images

alface

Le Do/Shutterstock/Glow Images

escarola

Flores

Nattika/Shutterstock/Glow Images

brócolis

Africa Studio/Shutterstock/Glow Images

couve-flor

Frutos

Nattika/Shutterstock/Glow Images

melancia

Anna Kucherova/Shutterstock/Glow Images

tomate

Sementes

Gmeviphoto/Shutterstock/Glow Images

feijão

Valentyn Volkov/Shutterstock/Glow Images

arroz

As plantas também são usadas pelo ser humano com outros objetivos.

O tronco de árvores, por exemplo, é usado para a construção de móveis e para a produção de papel. E muitas plantas são cultivadas para a produção de tecidos, cosméticos e remédios.

As imagens não estão em tamanho proporcional entre si.

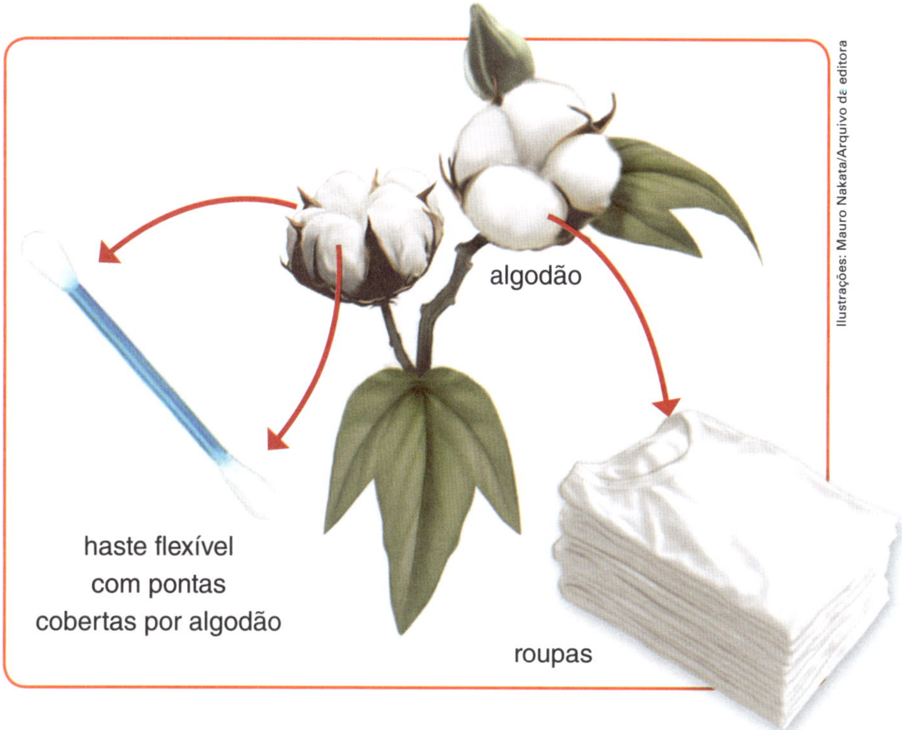

Ilustrações: Mauro Nakata/Arquivo da editora

LEITURA DE IMAGEM

OS VEGETAIS NA ALIMENTAÇÃO

Os vegetais fazem parte da alimentação do ser humano e são muito importantes para a nossa saúde.

OBSERVE

Fisher Photostudio/Shutterstock

1. O que a imagem mostra?

____

2. Ao observar a imagem, você vê primeiro:

☐ um conjunto de alimentos. ☐ uma figura humana.

3. Anote em seu caderno todos os vegetais da imagem que você conhece. Circule os que você não sabe o nome.

4. Como você descreveria o colorido da imagem? O que isso tem a ver com as cores dos vegetais?

____

____

5. Você costuma consumir alguns dos alimentos mostrados na imagem? Quais deles e com que frequência?

____

____

ANALISE

6. Quantas cores diferentes você identifica na imagem? Quais são elas?

____

RELACIONE

7. Uma alimentação saudável deve conter alimentos de várias cores. A variedade de cores dos vegetais da imagem representa uma alimentação balanceada? No caderno, explique sua resposta.

CONSERVAÇÃO: PLANTAS

A preservação da vegetação nativa ou natural é muito importante para a manutenção da diversidade de animais e de plantas nela encontrados e para a conservação dos elementos naturais não vivos, como a água, o solo e o ar. Observe as imagens a seguir.

Ale Ruaro/Pulsar Imagens

Floresta Amazônica, Altamira (PA), 2011.

Ricardo Teles/Pulsar Imagens

Floresta plantada, Teixeira de Freitas (BA), 2010.

- Quais são as semelhanças e as diferenças entre a vegetação das florestas retratadas nas imagens?

- Em qual das florestas é possível encontrar uma variedade maior de seres vivos? Por quê?

- As florestas plantadas substituem as florestas naturais? Por quê?

- Para tirar proveito dos elementos da natureza, você acha que o ser humano prejudica os ambientes naturais?

O ser humano faz parte da natureza. Do ambiente retiramos alimentos e outros materiais. Por exemplo, se precisamos de madeira, podemos usar a da floresta nativa ou de floresta plantada.

Leia o texto abaixo.

Além de abrigarem uma diversidade enorme de seres vivos, cores e cheiros, as florestas nos fornecem a base para objetos muito presentes em nosso cotidiano, como o papel.

Mas não pense que, para fazer papel, é preciso sair por aí derrubando árvores — já foi assim, mas, atualmente, existem plantações de árvores feitas especialmente para esse fim. São florestas formadas por apenas um tipo de árvore, especialmente escolhido para fabricar papel.

Gabriela Reznik, Instituto Ciência Hoje (RJ). Disponível em: <http://chc.cienciahoje.uol.com.br/com-quantas-arvores-se-faz-um-caderno/>. Acesso em: 27 out. 2015.

- **Apresente um ponto positivo e um negativo sobre a forma de conseguir a madeira apresentada no texto acima.**

____

____

____

____

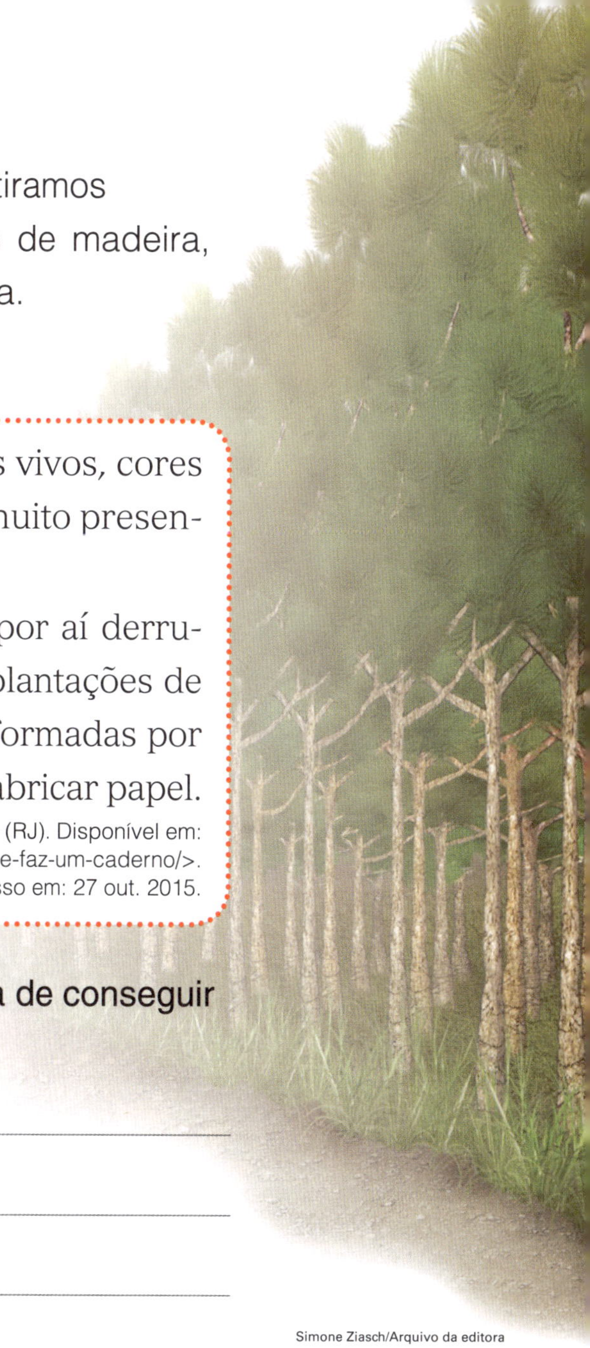

Simone Ziasch/Arquivo da editora

NESTE CAPÍTULO, VOCÊ VIU QUE:

- Os vegetais podem ser cultivados e são muito importantes para as necessidades do ser humano.
- Diversos vegetais são utilizados na alimentação do ser humano e de outros animais.
- A preservação é muito importante para a manutenção da diversidade de seres vivos.

ATIVIDADES DO CAPÍTULO

1. Encontre no diagrama o nome de nove alimentos. As palavras podem estar na vertical ou na horizontal.

P	A	L	M	I	T	O	T	A	V	A	I	L	O
L	O	U	F	A	L	E	I	T	E	R	P	M	C
A	P	I	R	L	A	O	U	A	S	A	E	D	V
C	E	N	O	U	R	A	S	F	P	E	L	T	P
F	L	O	C	B	A	Q	U	I	I	S	R	Q	O
I	S	C	V	R	N	E	H	L	N	F	S	B	L
B	R	O	N	M	J	S	U	I	A	C	A	A	O
A	R	U	L	I	A	P	O	R	F	F	O	R	V
C	E	G	U	I	L	I	M	O	R	A	N	G	O
F	E	I	J	Ã	O	R	O	S	E	R	R	O	L
M	A	Ç	Ã	C	I	T	U	I	L	E	M	E	A

Agora complete a tabela com o nome dos alimentos de origem vegetal cultivados pelo ser humano para a alimentação. Preencha nos locais correspondentes, indicando qual é folha, caule, raiz, semente ou fruto.

Alimento de origem vegetal	Folha, raiz, semente, caule ou fruto?
	SEMENTE
	FOLHA
	CAULE
	RAIZ
	FRUTO

2. Veja a história em quadrinhos abaixo.

VOCÊ SABIA? NATUREZA, DE MAURICIO DE SOUSA.
SÃO PAULO: GLOBO, 2006.

- Agora responda: se os animais do segundo quadrinho pudessem falar com o homem que cortou as árvores, o que você acha que eles diriam? Por quê?

3. O papel e o lápis são feitos da madeira de certas plantas. O que acontece a essas plantas quando economizamos, reutilizamos ou reciclamos esses materiais? Responda no caderno.

ENTENDER E PRATICAR CIÊNCIAS

ENTREVISTA COM UM JARDINEIRO

Você e seus colegas vão elaborar as perguntas que serão feitas para entrevistar um jardineiro.

Perguntas

A lista abaixo poderá ajudá-los.

- Quais são os cuidados necessários com o solo antes do plantio?
- No plantio, há preferência do uso de sementes ou de mudas? Por quê?
- O que foi levado em consideração na escolha das plantas?
- Quais são os cuidados necessários com as plantas?
- Que animais já foram encontrados perto de plantas?

Vocês podem fazer também perguntas sobre outros aspectos que considerem interessantes.

Registro dos dados coletados

Em uma folha à parte, registre as respostas do entrevistado.

Depois converse com os colegas sobre as semelhanças e as diferenças encontradas nas respostas dadas.

Ilustrações: Vicente Mendonça/Arquivo da editora

SUA VEZ DE PLANTAR

MATERIAL

- vasos
- terra
- pá pequena
- sementes
- regador
- luvas

Prática

Vamos plantar alguns vegetais?
Siga as etapas a seguir e bom trabalho!

1. Defina as sementes que serão plantadas.
2. Providencie o material necessário.
3. Utilizando as luvas, prepare a terra, coloque-a nos vasos e faça o plantio.
4. Etiquete cada vaso com o nome da planta e a data do plantio.
5. Cuide das plantas regando sempre que necessário.
6. Faça anotações sobre o desenvolvimento das diferentes plantas, registrando qual delas brotou primeiro, qual viveu por mais tempo, etc.

LER E ENTENDER

Você gosta de ouvir música? Quais são suas músicas preferidas?

Você vai conhecer a letra da canção “Pomar”, do grupo Palavra Cantada.

Quais palavras você acha que podem fazer parte dessa letra de canção?

Cante-a com seu professor e seus colegas e descubra!

POMAR

Banana, bananeira
Goiaba, goiabeira
Laranja, laranjeira
Maçã, macieira

Mamão, mamoeiro
Abacate, abacateiro
Limão, limoeiro
Tomate, tomateiro
Caju, cajueiro
Umbu, umbuzeiro
Manga, mangueira

Pera, pereira
Amora, amoreira
Pitanga, pitangueira
Figo, figueira
Mexerica, mexeriqueira
Açaí, açaizeiro
Sapoti, sapotizeiro
Mangaba, mangabeira
Uva, parreira
Coco, coqueiro
Ingá, ingazeiro
Jambo, jambuzeiro
Jabuticaba, jabuticabeira

Pomar. **Canções de brincar** (CD), Palavra Cantada, 1996.

HQZart/Arquivo da editora

ANALISE

1. Você gostou dessa letra de canção? Por quê?

HQZart/Arquivo da editora

2. Como a letra dessa canção foi organizada?

- [ ] Em parágrafos, como nas fábulas e nos contos de fadas.
- [ ] Em versos e estrofes, como nos poemas.

3. Nas estrofes abaixo, pinte com a mesma cor as palavras que rimam, ou seja, as palavras que terminam com sons parecidos.

Banana, bananeira
Goiaba, goiabeira
Laranja, laranjeira
Maçã, macieira

Mamão, mamoeiro
Abacate, abacateiro
Limão, limoeiro
Tomate, tomateiro

4. Quantas palavras há em cada verso dessa letra?

RELACIONE

5. Por que o título da letra de canção é "Pomar"?

6. Na letra da canção, pinte de amarelo as palavras que indicam plantas e de verde as que indicam frutos.

7. Há algum fruto na letra dessa canção que você não conhece?

O QUE APRENDI?

1. Observe novamente a imagem de abertura da Unidade e responda às questões a seguir.

Bukhanovskyy/Shutterstock

Paisagem composta de vegetais e seus derivados.

a) Os vegetais da imagem são de ambiente terrestre ou aquático?

____

b) Quais plantas você identifica na imagem?

____

____

c) Quais partes das plantas você identifica na imagem?

____

____

____

2. Complete as lacunas com termos importantes estudados nesta Unidade.

a) Raiz, caule, folha, flor, fruto e semente são ______________________ das plantas.

b) As plantas, como todos os seres vivos, nascem, crescem, se desenvolvem, podem se reproduzir e morrem. Esse processo é chamado de ______________________.

c) As plantas ______________________ são aquelas utilizadas pelos seres humanos para atender às suas necessidades de alimentação e de obtenção de energia, roupas, móveis, papéis, etc.

d) Chamamos de ______________________ aquilo que se faz buscando a manutenção dos animais e das plantas do ambiente.

e) As ______________________ podem dar origem a novas plantas e podem estar dentro dos frutos.

3. Este é o momento de pensar no que você aprendeu nesta Unidade. Indique com um **X** na tabela.

Conteúdos estudados	**Compreendi este conteúdo**	**Fiquei com algumas dúvidas e preciso retomar**	**Não compreendi e preciso retomar**
Capítulo 4 Características das plantas e os diversos ambientes em que vivem			
Capítulo 5 Partes das plantas e seu ciclo de vida			
Capítulo 6 Plantas cultivadas pelo ser humano e a importância da preservação			

Converse com os colegas e o professor para entender melhor o seu aproveitamento e, assim, iniciar o estudo da próxima Unidade.

UNIDADE 3

OS ANIMAIS

- Que animais da imagem você conhece?
- Você percebe diferenças e semelhanças entre eles?
- Todos esses animais vivem no mesmo ambiente?

Biry Sarkis/Arquivo da editora

CAPÍTULO

7 CARACTERÍSTICAS DOS ANIMAIS

SEMELHANÇAS E DIFERENÇAS ENTRE OS ANIMAIS

Na imagem de abertura desta Unidade, você viu um pouco da variedade de animais que podem ser encontrados pelo mundo.

Neste capítulo, além da diversidade, você também conhecerá as características dos animais.

Os animais são muito diferentes entre si. Com pelo ou sem pelo, com asa ou sem asa, com escamas ou sem escamas. Veja:

Macaco

Escorpião-amarelo

Borboleta-monarca

Lacraia

Peixe

Tucano

Iguana

Apesar de os animais terem características diferentes uns dos outros, há algumas delas que são comuns a todos os animais:

- são seres vivos, ou seja, têm ciclo de vida;
- não produzem o próprio alimento, alimentam-se de outros seres vivos, como os vegetais e outros animais;
- a maioria deles é capaz de se locomover.

Volodymyr Burdiak/Shutterstock

Morcego

Efired/Shutterstock

Caramujo

Mario Friedlander/Pulsar Imagens

Jabuti

Dmitri Gomon/Shutterstock

Gafanhoto

Nashepard/Shutterstock

Salamandra

Stephen Frink Collection/Alamy

Baleia

OS ANIMAIS E OS AMBIENTES

Victor Tyakht/Shutterstock

Ave voando.

Os animais estão adaptados aos ambientes que habitam. Eles obtêm dos ambientes tudo aquilo de que necessitam para sobreviver e se desenvolver, como alimento e abrigo.

Animais terrestres são os que vivem sobre a terra ou os que podem voar. Os animais aquáticos vivem na água.

Louise Murray/SPL/Latinstock

Tartaruga marinha nadando.

Martin Harvey/Alamy/Latinstock

Serpente rastejando.

Theo Allofs/Minden Pictures/Getty Images

Canguru saltando.

Olga_i/Shutterstock

Cavalos correndo.

Sokolov Alexey/Shutterstock

Golfinho mergulhando.

Nastya22/Shutterstock

Besouro voando.

A LOCOMOÇÃO DOS ANIMAIS

- Será que todos os animais se locomovem da mesma forma?

Observe as imagens da página anterior e complete o quadro abaixo.

Nome do animal	Ambiente em que vive	Como se locomove

A locomoção auxilia os animais na procura de alimento, abrigo, locais para se reproduzir, etc.

Os animais terrestres podem, por exemplo, andar, correr, saltar, rastejar, nadar ou voar; locomovem-se, portanto, de várias maneiras.

A maioria dos animais aquáticos nada, mas entre esses animais há aqueles que rastejam ou andam no fundo do mar.

Alguns animais não se locomovem durante toda ou parte de sua vida, como os corais.

Os corais e as esponjas são animais marinhos que não se locomovem.

Vilainecrevette/Shutterstock

O CORPO DOS ANIMAIS

Você acha que há relação entre o ambiente e o corpo dos animais?

Certas características dos animais, como a forma, o tamanho e a cobertura do corpo, são muito variadas e podem ter relação com o ambiente em que vivem, os hábitos e as necessidades deles.

O gato tem o corpo coberto por pelos.

O pirarucu tem o corpo com formato favorável à natação e coberto de escamas.

O corpo da arara é coberto por penas e seu formato é favorável ao voo.

O corpo do camaleão é coberto por uma pele grossa e seca, o que possibilita que ele viva em ambientes secos.

O corpo do besouro é coberto por uma casca dura, que o protege.

O sapo tem pele fina e lisa e vive em ambientes úmidos para evitar a perda de água de seu corpo.

A ALIMENTAÇÃO DOS ANIMAIS

- As imagens abaixo mostram alguns animais e seus hábitos alimentares. Observe-as e complete as legendas.

Ulrich Mueller/Shutterstock/Glow Images

O boi se alimenta apenas de

______________________.

Fabio Colombini/Acervo do fotógrafo

A onça se alimenta de

______________________.

Dr. P. Marazzi/SPL/Latinstock

O macaco se alimenta de

______________________.

Os animais que se alimentam apenas de plantas são os **herbívoros**, como o boi, o coelho e a abelha. Os que se alimentam somente de carne de outros animais são os **carnívoros**, como o jacaré, a onça e o tamanduá-bandeira.

Existem ainda animais que se alimentam de plantas e também da carne de outros animais: são os **onívoros**, como o porco, o macaco e o lobo-guará.

NESTE CAPÍTULO, VOCÊ VIU QUE:

- Existe uma grande variedade de animais.
- Os animais têm características comuns entre si: são seres vivos, precisam se alimentar de outros seres vivos e se locomovem.
- Os animais se adaptam aos ambientes em que vivem.
- Há animais aquáticos e terrestres.
- Quanto aos hábitos alimentares, os animais podem ser herbívoros, carnívoros ou onívoros.

ATIVIDADES DO CAPÍTULO

1. Leia o poema.

Ilustrações: HQZart/Arquivo da editora

O QUE DISSE O PASSARINHO

Um passarinho me contou
Que o elefante brigou
Com a formiga só porque
Enquanto dançavam (segundo ele)
Ela pisou no pé dele!
Um passarinho me contou
Que o jacaré se engasgou
E teve de cuspi-lo inteirinho
Quando tentou engolir,
Imaginem só, um porco-espinho! [...]

Um passarinho me contou
Que a ostra é fechada,
Que a cobra é enrolada
Que a arara é uma cabeça oca,
E que o leão-marinho e a foca...
Xô, xô, passarinho, chega de
fofoca!

PAES, José Paulo. *Um passarinho me contou.* São Paulo: Ática, 1996.

- Circule o nome dos animais no poema e complete a tabela indicando uma forma utilizada por cada um deles para se locomover.

Forma de locomoção	Animal
VOAR	
RASTEJAR	
ANDAR	
NADAR	

2. Observe as imagens a seguir e depois numere-as de acordo com a cobertura do corpo de cada um dos animais.

1. penas	4. pele grossa e seca
2. pelos	5. cobertura dura para proteção do corpo
3. escamas	6. pele fina e úmida

Renato Soares/Pulsar Imagens

Papagaio

Irin-k/Shutterstock/Glow Images

Besouro

Luis Salvatore/Pulsar Imagens

Macaco-prego

Mario Friedlander/Pulsar Imagens

Jacaré

MP cz/Shutterstock

Peixe

Tom Reichner/Shutterstock

Sapo

3. Descubra qual é o animal em que o menino ao lado está pensando. Escreva abaixo o nome dele e desenhe-o em uma folha à parte.

Simone Ziasch/Arquivo da editora

____

____

ENTENDER E PRATICAR CIÊNCIAS

PEGADAS

Quando um animal se locomove de um lugar para outro, ele deixa pistas de que passou por ali. Podem ser alguns pelos ou penas, sobras de alimento ou pegadas. Vamos conhecer um pouco mais as pegadas? Observe as imagens.

Fabio Colombini/Acervo do fotógrafo

Onça

sh.el.photo/Shutterstock

Pato

LEVANTAMENTO DE HIPÓTESES

- Observe atentamente os pés da onça e do pato que aparecem nas imagens. Como você imagina que seriam as marcas deixadas no solo por esses animais?
- Faça um desenho para mostrar o que você pensou.

Ilustrações: Simone Ziasch/Arquivo da editora

MATERIAL

- argila não tóxica (1 quilograma)
- duas tampas de potes de margarina
- uma tampa de caixa de sapatos
- palitos de sorvete
- lenços umedecidos

Procedimento

1. Amasse a argila com as mãos limpas até que ela fique macia e flexível.
2. Modele a argila nas duas tampas de potes de margarina, de maneira que forme duas placas lisas. Faça isso também com a tampa da caixa de sapatos.
3. Nas placas menores desenhe, usando palitos de sorvete, como você imagina que seriam as marcas deixadas pela onça e pelo pato.
4. Sentado e descalço, pressione levemente seu pé contra a placa maior até que fique impressa a sua pegada.
5. Limpe seu pé e suas mãos com lenços umedecidos.

Pesquisa

6. Com a ajuda de um adulto, pesquise em livros, revistas e na internet como são as pegadas do pato e da onça.
7. Compare o resultado da pesquisa com a sua hipótese inicial. Sua hipótese se confirmou ou você notou alguma diferença?

Conclusão

8. Compare a pegada da onça com a do pato. Explique, em seu caderno, as semelhanças e diferenças entre elas.
9. Por que o pé do pato tem ligações entre os dedos?
10. Compare sua pegada com a dos colegas da sala. O que você encontrou de semelhanças e de diferenças? Explique.
11. Agora, compare sua pegada com as dos animais pesquisados. Com qual pegada você acha que a sua se assemelha mais?

CAPÍTULO

8 CONHECENDO MAIS OS ANIMAIS

CICLO DE VIDA

Como os outros seres vivos, os animais têm um **ciclo de vida**.

Observe as imagens abaixo, que mostram as mudanças durante a vida de uma cadelinha.

Mauro Nakata/Arquivo da editora

As mudanças pelas quais os seres vivos podem passar durante sua existência são chamadas de **fases do ciclo de vida**, que são: o nascimento, o crescimento, o desenvolvimento, a reprodução e a morte.

- Você acha que os filhotes da cadelinha retratada no ciclo de vida acima são parecidos com ela?

____

____

- Você acha que todos os animais nascem da mesma forma?

As imagens abaixo mostram as fases do ciclo de vida das tartarugas.

Alguns filhotes de animais se desenvolvem dentro do corpo da mãe até o nascimento. É o caso do cão e do ser humano.

Outros animais põem ovos, e os filhotes se desenvolvem fora do corpo da mãe até o nascimento, como a galinha, o jacaré e a tartaruga.

Você acha que todos os filhotes, ao nascer, são parecidos com seus pais? Veja algumas fases do ciclo de vida da borboleta.

Alguns animais, como a borboleta, nascem muito diferentes da forma que têm quando chegam à fase adulta.

Ao longo de seu desenvolvimento, esses animais sofrem grandes mudanças; esse processo é chamado **metamorfose**.

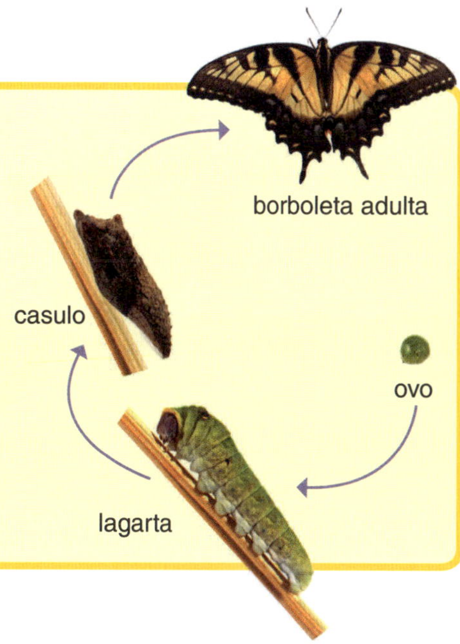

REPRODUÇÃO

Como você viu, os animais são seres vivos, e a reprodução é uma das fases do seu ciclo de vida.

A reprodução é o processo em que o animal dá origem a seus filhotes. Ela permite que os seres vivos continuem a existir no planeta.

A reprodução geralmente envolve uma fêmea e um macho de um mesmo tipo de animal.

Gentoo Multimedia Limited/Shutterstock/Glow Images

Pinguins macho, fêmea e filhote.

Ex0rzist/Shutterstock/Glow Images

Fêmea de percevejo e seus filhotes.

Em certos animais, além da reprodução entre um macho e uma fêmea, pode ocorrer outro tipo de reprodução. Um exemplo é a estrela-do-mar, que, de uma parte de seu corpo, pode dar origem a um novo animal.

Efired/Shutterstock

Mauro Nakata/Arquivo da editora

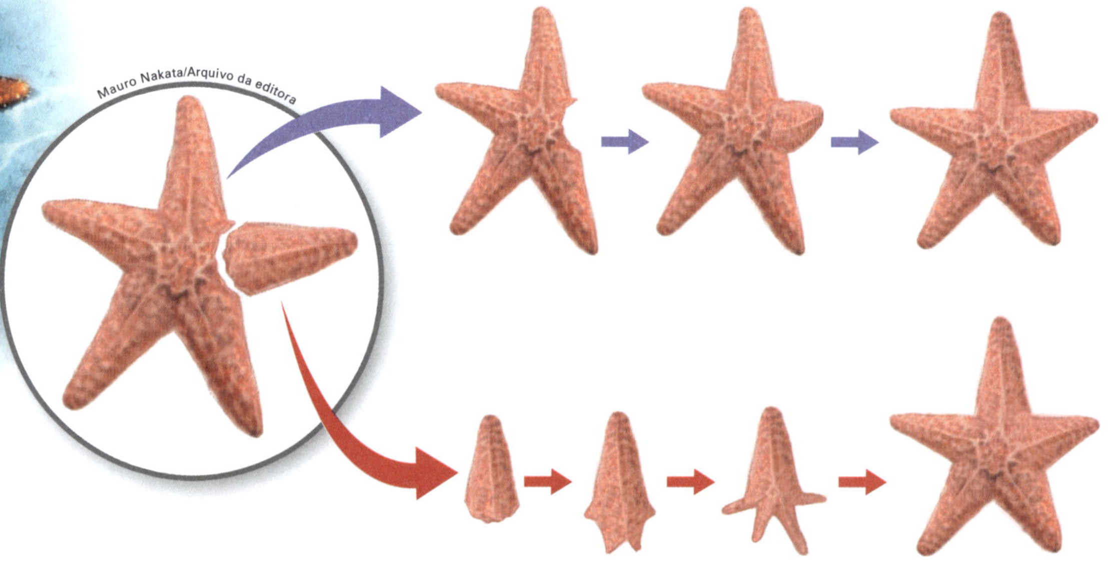

Estrela-do-mar se regenerando e se reproduzindo a partir de um braço.

O SER HUMANO E SUA REPRODUÇÃO

Os seres humanos, assim como os outros animais, passam por um ciclo de vida e podem se reproduzir. Sua reprodução ocorre pela união de um homem e uma mulher (macho e fêmea), dando origem a novos indivíduos semelhantes aos pais, que se desenvolvem dentro do corpo da mãe até o nascimento.

Monkey Business Images/Shutterstock

NESTE CAPÍTULO, VOCÊ VIU QUE:

- Os animais têm ciclo de vida.
- Eles podem se desenvolver dentro de ovos ou dentro do corpo da mãe até o nascimento.
- Em alguns animais, como a borboleta, ocorrem mudanças na forma e na estrutura corporal. Esse processo é chamado de metamorfose.
- A reprodução garante a existência dos seres vivos.

ATIVIDADES DO CAPÍTULO

1. Observe as imagens abaixo. Numere as etapas do ciclo de vida de uma égua, indicando a sequência correta.

Ilustrações: Mauro Nakata/Arquivo da editora

2. Que animais, ao nascer, são parecidos com os pais? E quais são diferentes? Preencha o quadro abaixo com suas respostas.

Animais que parecem com os pais ao nascer	Animais que não parecem com os pais ao nascer

3. Onde se desenvolvem estes filhotes de animais até o nascimento? Responda abaixo, indicando: se dentro de ovos, escreva abaixo da imagem a palavra **ovo**; se dentro do corpo da mãe, escreva abaixo da imagem a palavra **corpo**.

N center/Shutterstock

Tartaruga: ______________________.

Ikpro/Shutterstock/Glow Images

Lagarta: ______________________.

Drago Nika/Shutterstock/Glow Images

Cavalo: ______________________.

Irin-k/Shutterstock/Glow Images

Galo: ______________________.

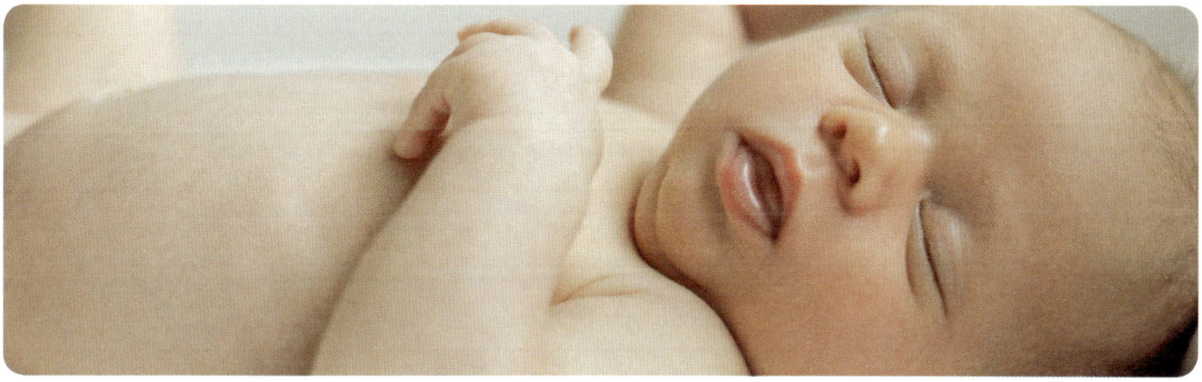
Yaromir/Shutterstock/Glow Images

Ser humano: ______________________.

ENTENDER E PRATICAR CIÊNCIAS

ÁLBUM DE ANIMAIS

Complete os espaços em branco com as informações que estão faltando sobre alguns animais, conforme o exemplo.

Se for preciso, peça ajuda a um adulto e pesquise as informações em livros, revistas e na internet ou converse com um especialista.

Destaque os adesivos do **Material Complementar** e cole-os nos lugares correspondentes.

	Ambiente em que vive: terrestre.
	Hábito alimentar: carnívora.
	Cobertura do corpo: pelos.
	Forma de locomoção: anda e corre.
onça-pintada	Nasce do: corpo da mãe.

	Ambiente em que vive:
	Hábito alimentar:
	Cobertura do corpo:
	Forma de locomoção:
cobra-coral	Nasce do:

Ilustrações: Simone Ziasch/Arquivo da editora

	Ambiente em que vive:
	Hábito alimentar:
	Cobertura do corpo:
	Forma de locomoção:
arara-azul-grande	Nasce do:

	Ambiente em que vive:
	Hábito alimentar:
	Cobertura do corpo:
	Forma de locomoção:
mico-leão-dourado	Nasce do:

	Ambiente em que vive:
	Hábito alimentar:
	Cobertura do corpo:
	Forma de locomoção:
sapo-cururu	Nasce do:

	Ambiente em que vive:
	Hábito alimentar:
	Cobertura do corpo:
	Forma de locomoção:
preguiça-de-coleira	Nasce do:

CAPÍTULO 9

CUIDADOS COM OS ANIMAIS

ANIMAIS DOMESTICADOS E SILVESTRES

- Você tem ou conhece alguém que tenha algum animal de estimação? Que animal é esse?

____

____

Os animais criados pelo ser humano são chamados de **animais domesticados**. Alguns deles vivem na casa das pessoas ou próximos a elas: são os **animais de estimação**.

Os animais de estimação mais comuns em todo mundo são os cães e gatos, mas há muitos outros animais que podem viver sob os cuidados dos seres humanos, como aves e peixes.

gurinaleksandr/Shutterstock

A saúde e o bem-estar dos animais de estimação são responsabilidade dos seus cuidadores.

- Ter um animal de estimação exige responsabilidade. Registre três cuidados que o cuidador deve ter para que seu animal cresça saudável.

- Além dos animais da página anterior, que outros animais você sabe que são criados como animais de estimação?

- Que animal, entre aqueles que conhece, você não gostaria de ter como animal de estimação? Por quê?

- Desenhe abaixo o animal de estimação que você gostaria de ter.

Os animais domesticados são aqueles que foram amansados para conviver com os seres humanos.

Nos sítios e nas fazendas é possível encontrar vários animais que são criados pelo ser humano para ajudar no transporte de pessoas e de produtos e na produção de alimentos e roupas, por exemplo.

Christiane Messias/Arquivo da editora

Representação artística de animais domesticados da zona rural.

Animais silvestres ou **selvagens** são aqueles que vivem livres em seu ambiente natural.

Eles são diferentes dos animais domesticados porque não dependem dos cuidados dados pelo ser humano para conseguir alimento e abrigo.

Para se alimentar, eles caçam, pescam e comem vegetais. Dependem do próprio esforço para buscar o alimento necessário para a sua sobrevivência e vivem em seu ambiente natural.

Andreas Trepte/Wikipedia/Wikimedia Commons

Carcará

Patrick K. Campbell/Shutterstock

Sucuri

Andrew M. Allport/Shutterstock

Quati

mlorenz/Shutterstock

Jaguatirica

PRESERVAÇÃO: ANIMAIS

Retirar animais silvestres do ambiente natural deles e vendê-los sem licença é um desrespeito à natureza e às leis que proíbem esse tipo de atividade.

Leia o texto a seguir sobre esse assunto.

Fabio Colombini/Acervo do fotógrafo

VOLTA, ARARINHA-AZUL!

Entre os muitos animais que habitam o Brasil, os papagaios, os periquitos e as araras chamam a atenção por sua beleza e inteligência. Um exemplo disso é a ararinha-azul, descoberta em 1819 na Bahia e que, infelizmente, já não voa livre por aí.

Disputada por colecionadores de animais, a ararinha-azul enfrenta hoje o perigo do **tráfico de animais silvestres** e também a destruição de seu ambiente natural. Em razão disso, a ararinha-azul já não é mais avistada na natureza.

UM POUCO DE ESPERANÇA

A ararinha-azul desapareceu da natureza, mas ainda não foi extinta. Restam algumas, criadas em cativeiro, como parte de um programa de conservação realizado em vários países. Com o nascimento de filhotes, espera-se que aos poucos o número de ararinhas aumente e que, no futuro, esse animal possa voltar ao seu ambiente natural. Se isso ocorrer, nosso céu voltará a ficar mais azul.

COSTA, Henrique Caldeira. *Ciência Hoje das Crianças*. São Paulo: SBPC, 1º abr. 2011. Disponível em: <http://chc.cienciahoje.uol.com.br/O-azul-que-sumiu-do-ceu/>; CIÊNCIA HOJE DAS CRIANÇAS. São Paulo: SBPC, 4 jul. 2012. Disponível em: <http://chc.cienciahoje.uol.com.br/Volta-ararinha-azul/>. Acesso em: 26 out. 2015.

55 centímetros

- Converse com os colegas e responda às questões a seguir.

a) Qual o significado da palavra **tráfico** no texto ao lado?

____

b) O que significa a expressão "tráfico de animais silvestres"?

____

____

Os seres vivos dependem de relações entre si para sobreviver. Portanto, a retirada de animais do ambiente natural causa um desequilíbrio e pode prejudicar os demais seres vivos daquele lugar.

O macaco-prego corre risco de extinção por causa do tráfico de animais silvestres.

NESTE CAPÍTULO, VOCÊ VIU QUE:

- Animais domesticados são aqueles que o ser humano cria com diversas intenções: fazer companhia, servir de alimento ou de transporte, etc.
- Já os animais silvestres são aqueles que não necessitam de cuidados humanos para se alimentar, se reproduzir ou se abrigar em seu ambiente natural.
- A preservação dos animais é muito importante para manter o equilíbrio do ambiente em que vivem.

ATIVIDADES DO CAPÍTULO

1. Todo animal que vive na casa das pessoas pode ser considerado de estimação? Observe a imagem e responda. Dê exemplos para explicar a sua resposta.

Ilustrações: Simone Ziasch/Arquivo da editora

2. Observe a imagem abaixo e faça o que se pede.

   a) Circule os animais silvestres na imagem.

   b) Faça um **X** nos animais domesticados.

3. Muitos animais estão sendo extintos. Isso quer dizer que eles estão desaparecendo do planeta Terra. Faça legendas para as imagens utilizando os termos apontados e explicando como cada acontecimento pode levar à extinção dos seres vivos.

Zorandim/Shutterstock/Glow Images

lixo

Sergio Ranalli/Pulsar Imagens

desmatamento

Donovan van Staden/Shutterstock

caça ilegal

ENTENDER E PRATICAR CIÊNCIAS

FILME

O filme **Tainá 3: a origem** mostra a história de uma menina indígena que vive em uma floresta brasileira e sua relação com o ambiente e os seres vivos daquela região.

Assista ao filme. Depois, discuta com os colegas e o professor quais foram suas impressões sobre o que viram e responda às questões abaixo.

1. Você acha correto o ser humano retirar animais silvestres do ambiente natural deles para vendê-los? Por quê?

____

____

____

____

2. Se as pessoas deixassem de comprar animais silvestres, eles continuariam a ser capturados? Por quê?

____

____

____

____

Videowokart/Shutterstock
Operation Shooting/Shutterstock
Mikadun/Shutterstock
Marcos Amend/Pulsar Imagens
Matt Jeppson/Shutterstock
Marcos Amend/Pulsar Imagens

MINIPROJETO

3. No filme, a personagem da menina Tainá é muito importante para a preservação dos animais da floresta. O que ela faz que os ajuda?

____

____

4. Em grupos com os colegas, pesquisem e discutam outras formas de ajudar na preservação dos animais.

5. Escolham uma das opções que surgirem na conversa e façam um projeto com o tema **preservação dos** , que deverá ser apresentado para a classe ou para a escola. Vocês podem produzir cartazes, vídeos, uma apresentação teatral, etc. Peçam ajuda ao professor para executar a ideia escolhida.

Ilustrações: Vicente Mendonça/Arquivo da editora

Dirk Ercken/ Shutterstock

LER E ENTENDER

Há textos que têm versos e palavras que rimam, ou seja, palavras que têm sons parecidos, geralmente no final delas. Você conhece algum texto assim?

Você vai ler um poema que tem versos e rimas. Veja o título desse poema e responda: se você pudesse ser um bicho, qual bicho seria? Por quê?

VIDA DE BICHO

Vida de bicho é mesmo muito boa.
O pato nada alegre na lagoa.
Passarinho voa livre pelo céu, no ar!
A baleia mergulha no mar.
Cada um tem seu lugar.
Você na sua casa,
Eu na minha casa e o bicho no seu *habitat*!
Na selva, no oceano, no deserto, na floresta,
No rio, na geleira ou no pantanal!
Bom mesmo é viver seguro, livre e feliz,
No seu *habitat* natural.

DAREZZO, Margareth. *Canteiro*. São Paulo: Ática, 2012.

Ilustrações: Jorge Zaiba/Arquivo da editora

ANALISE

1. Por que, de acordo com o poema, "Vida de bicho é mesmo muito boa"?

____

2. Em sua opinião, vida de bicho é boa? Por quê?

____

____

3. Leia em voz alta a última palavra de cada verso.

a) O que elas têm de parecido?

____

____

b) Quais delas têm o mesmo som? Pinte-as, no poema, com a mesma cor.

RELACIONE

4. De acordo com o que você estudou nesta Unidade, como os animais que aparecem no poema podem ser classificados de acordo com o ambiente em que vivem? ______________________________

5. Agora, agrupe os animais do poema de acordo com esses ambientes.

a) aquático: ______________________________

b) terrestre: ______________________________

O QUE APRENDI?

1. Observe novamente a imagem da abertura da Unidade e preencha com **V** (verdadeiro) ou **F** (falso) cada afirmação abaixo.

Biry Sarkis/Arquivo da editora

- [ ] Existe uma grande variedade de animais.
- [ ] Os animais têm características comuns entre si.
- [ ] Os animais não estão aptos para viver em seu *habitat*.
- [ ] O ser humano é um animal.
- [ ] São mostrados animais domesticados e silvestres.

2. Veja a seguir as fotos de alguns animais e complete as legendas com os números correspondentes.

1	2	3	4
formato do corpo	hábito alimentar	ciclo de vida	locomoção

Pavel Mikoska/Shutterstock/Glow Images

Em relação ao seu ______, a lebre é um herbívoro.

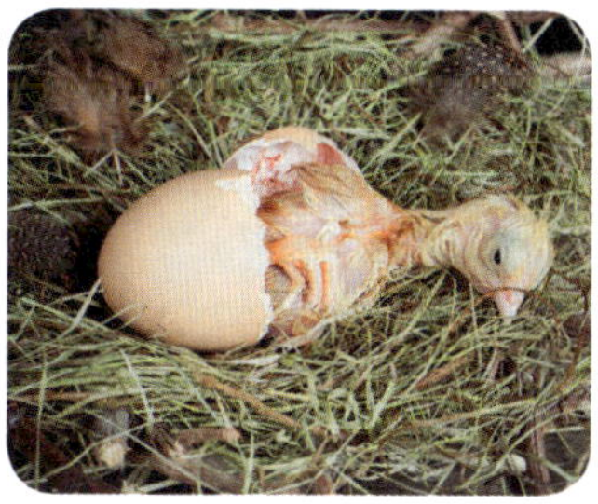
Anneka/Shutterstock/Glow Images

O nascimento do galo é uma das fases do ______.

Shane Gross/Shutterstock/Glow Images

Uma forma de ______ do sapo é saltar.

Rene Krekels/Foto Natura/Minden/Latinstock

O ______ do tubarão o ajuda a nadar.

3. Este é o momento de pensar no que você aprendeu nesta Unidade. Indique com um **X** na tabela.

Conteúdos estudados	Compreendi este conteúdo	Fiquei com algumas dúvidas e preciso retomar	Não compreendi e preciso retomar
Capítulo 7 Características dos animais e os diversos ambientes em que vivem			
Capítulo 8 Ciclo de vida e reprodução dos animais			
Capítulo 9 Animais domesticados e silvestres e a importância da sua preservação			

Converse com os colegas e o professor para entender melhor o seu aproveitamento e, assim, iniciar o estudo da próxima Unidade.

UNIDADE 4

O CORPO HUMANO

Christiane Messias/Arquivo da editora

- Todas as crianças da imagem estão fazendo a mesma coisa?
- Você conhece alguém que se pareça com você em algum aspecto? Quem? Em que aspecto vocês são parecidos?
- Que sons você pode ouvir em uma situação como a da imagem?

CAPÍTULO

10 CARACTERÍSTICAS DO CORPO HUMANO

CRIANÇAS DIFERENTES, JEITOS DIFERENTES

Observe a foto abaixo. Será que estas irmãs gêmeas são parecidas em tudo?

Leia o que elas dizem. Alguma delas gosta das mesmas coisas que você? Qual delas?

Harm Kruyshaar/Shutterstock/Glow Images

As pessoas podem ter características semelhantes, como a cor dos olhos, o nome, a idade ou alguns gostos pessoais. Mas cada pessoa tem um modo de ser e de agir.

- **Escreva um gosto semelhante entre as meninas acima.**

____

- **Escreva duas diferenças entre as meninas.**

____

____

Leia o trecho da canção abaixo.

Ilustrações: Giz de Cera/Arquivo da editora

DIFERENÇAS

Cada um tem um
Rosto, corpo, nome,
Jeito de ser.
[...]
Todo mundo é
Diferente
Sendo igual,
Todo mundo é igual
Sendo diferente.
[...]

Essa canção faz parte do livro *Canteiro: músicas para brincar*, de Margareth Darezzo. São Paulo: Ática, 2011. p. 14.

- Você concorda com a letra da canção? Explique sua resposta.

____

____

- Se cada pessoa tem um jeito, como é possível conviver sem conflitos? Converse com o professor e os colegas.

SEMELHANÇAS E DIFERENÇAS ENTRE AS PESSOAS

Você sabia que nós, seres humanos, também somos animais?

Todas as pessoas pertencem a um mesmo grupo animal e compartilham com os outros animais as mesmas características gerais: são seres vivos, têm ciclo de vida, alimentam-se de outros seres vivos, locomovem-se.

Nino Cavalier/Shutterstock

Mas há certas características que são específicas dos seres humanos, como falar, escrever, ler, cultivar plantas e criar outros animais.

No geral, a forma e o funcionamento do corpo são comuns a todos os humanos.

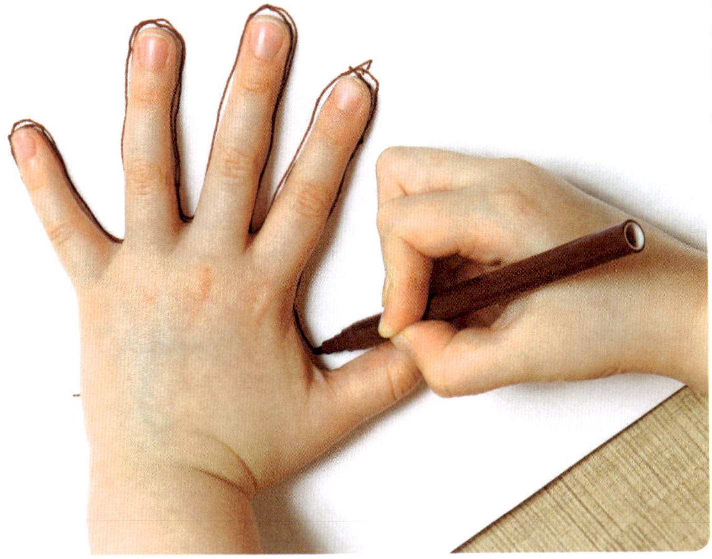

Roman White/Shutterstock

- Nesta atividade você vai precisar de duas folhas de papel sulfite, caneta hidrocor e tinta guache.

- Em uma folha, coloque uma de suas mãos aberta e faça o contorno dela usando a caneta hidrocor.

- Agora passe a tinta guache na palma da mão que você contornou anteriormente e carimbe a outra folha de papel várias vezes.
- Compare o contorno e a impressão da sua mão com a de seus colegas e depois responda:
- Os detalhes (os traços) que aparecem no contorno e na impressão são iguais ou são diferentes?

Impressão digital

Sérgio Lima/Folhapress

As pessoas possuem elevações curvas na pele dos dedos.

Essas curvas formam um desenho chamado **impressão digital**.

As impressões digitais são únicas.

Ninguém tem a impressão digital igual à de outra pessoa, nem mesmo se elas forem gêmeas.

Por serem diferentes, as impressões digitais são utilizadas como forma de identificação de pessoas.

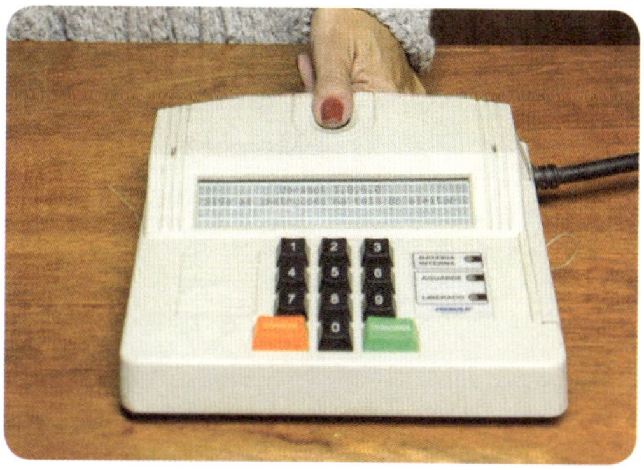

Rigamondis/Shutterstock/Glow Images

Para verificar a identidade do eleitor durante o processo de votação, algumas urnas eletrônicas apresentam um leitor de impressão digital.

Apesar de terem muitas características comuns, os seres humanos não são todos iguais: alguns são homens e outros são mulheres. Além disso, há também diferenças físicas individuais, como o formato do nariz, da boca, dos olhos; o jeito de falar, de andar; a altura; a cor da pele; o tipo de cabelo, etc.

Há também os gostos, os jeitos e as preferências que diferenciam uma pessoa da outra.

Christopher Futcher/Getty Images

PARTES DO CORPO HUMANO

Os seres humanos têm o corpo formado por cabeça, tronco, membros superiores e membros inferiores.

- Destaque as partes do corpo humano que estão no **Material Complementar**.
- Faça pequenos furos nos locais indicados.
- Utilize cinco elásticos e monte o corpo humano.
- Complete o corpo humano que você montou desenhando os olhos, a boca e o nariz no rosto do boneco. Se quiser, desenhe roupas para vesti-lo.
- Observe o corpo humano montado por seus colegas. Você nota alguma diferença? Quais?

____

____

- Observe a legenda abaixo e pinte cada quadrinho com a cor indicada.

(amarelo) Faz parte da cabeça.

(verde) Faz parte dos membros superiores.

(vermelho) Faz parte do tronco.

(azul) Faz parte dos membros inferiores.

☐ sobrancelha	☐ perna	☐ braço
☐ pé	☐ boca	☐ nariz
☐ orelha	☐ tórax (região em que fica o peito)	☐ abdome (região em que fica a barriga)
☐ mão		

Algumas pessoas têm necessidades especiais: dependem de cadeiras de rodas para se locomover ou de próteses no caso de não possuírem algum membro. Dizemos que essas pessoas são portadoras de **deficiências físicas**.

próteses: aparelhos colocados no corpo para suprir a falta de um membro ou para corrigir uma função comprometida.

wavebreakmedia/Shutterstock

É muito importante convivermos bem com as diferenças pessoais, respeitando e reconhecendo que cada pessoa tem um jeito de ser.

NESTE CAPÍTULO, VOCÊ VIU QUE:

- Os seres humanos apresentam semelhanças e diferenças entre si.
- O corpo humano é formado por cabeça, tronco, membros superiores e membros inferiores.
- Devemos respeitar todas as pessoas.

ATIVIDADES DO CAPÍTULO

1. Leia os itens e indique o que é pedido.

a) Eu sou:

☐ menino. ☐ menina.

b) Meu cabelo é:

☐ loiro. ☐ preto. ☐ castanho.

☐ curto. ☐ comprido. ☐ de tamanho médio.

c) Minha comida preferida é ______________________________.

d) Minha brincadeira preferida é ______________________________.

e) Eu gosto mais de dias

☐ frios. ☐ quentes.

f) O programa de televisão de que mais gosto é ______________________.

2. Forme dupla com um colega e comparem as respostas que vocês deram na atividade anterior.

Depois complete o quadro registrando as respostas iguais e as diferentes.

Iguais	Diferentes

- Agora responda oralmente: você e seu colega têm mais opiniões semelhantes ou diferentes?

  Lembre-se de que as diferenças individuais devem ser sempre respeitadas.

3. Observe a tirinha e responda à questão.

Seu maior desejo é igual ao dos personagens da tirinha? Explique.

____

____

4. Leia a frase.

> Não são apenas as características físicas que tornam as pessoas semelhantes ou diferentes.

- **Você concorda com essa afirmação? Por quê?**

5. Leia estes trechos do livro *Quem sou eu?*.

> [...]
> De mim saem pernas, mas não sou mesa nem cadeira.
> Tenho braços, mas não pensem que sou poltrona ou sofá.
> [...]
> Minha cabeça é maior que meu corpo.
> Poderia ser um alfinete, mas já aviso que não sou.
> [...]

ZATZ, Silvia. *Quem sou eu?*. São Paulo: Companhia das Letrinhas, 2011.

- **Sublinhe nos textos as partes do corpo que são citadas.**

ENTENDER E PRATICAR CIÊNCIAS

SERES ÚNICOS

Como vimos neste capítulo, uma pessoa nunca é igual a outra.

Uma das formas de se verificar isso é por meio das impressões digitais.

Vamos observar suas impressões digitais?

Siga as etapas.

MATERIAL

- lápis com grafite preta
- creme hidratante
- papel sulfite
- fita adesiva

Ilustrações: Vicente Mendonça/Arquivo da editora

Procedimento

1. Em uma folha de papel sulfite, faça riscos com o lápis até formar um quadrado do tamanho do seu dedo.

2. Aplique um pouco de creme no polegar e pressione-o sobre o quadrado de grafite feito na folha. Atenção: não movimente o dedo; apenas pressione com firmeza.

3. Coloque a fita adesiva sobre seu dedo. Dependendo da largura da fita, você vai precisar de dois pedaços para cobrir toda a impressão digital do polegar.

4. Tire a fita adesiva do seu dedo e cole-a no espaço abaixo.

Polegar ______________________

5. Repita o mesmo procedimento para obter as impressões digitais do seu dedo indicador.

Indicador ______________________

Adaptado de: <mundodainformao.blogspot.com.br/2012/04/revista-recreio.html>. Acesso em: 8 jan. 2016.

CAPÍTULO 11

CONHECENDO MAIS O CORPO HUMANO

FASES DA VIDA

- Observe a imagem e responda: as pessoas estão na mesma fase da vida?

- Quais fases da vida você identificou na imagem?

Monkey Business Images/Shutterstock

- Converse com os colegas sobre algo que vocês poderiam aprender com alguém mais velho e algo que vocês poderiam ensinar a essa pessoa.

Ao longo da vida, o ser humano passa por diferentes fases: infância, adolescência, fase adulta e velhice ou maturidade.

Leia o poema a seguir, que fala sobre isso.

PASSOS

Passos de brinquedo, leves,
Que não conhecem o chão.
É o bebê que faz a estreia
Com sapatinhos de lã.

Passos que dizem bom-dia
De tão claros, tão alegres!
São as meninas crescidas
Que voltaram do colégio.

Passos enérgicos, largos,
Tremem as próprias paredes.
São os homens do trabalho,
Que não têm tempo a perder.

Vagarosos passos últimos
Arrastados em chinelos.
São as vovozinhas
Acalentando seus netos.

LISBOA, Henriqueta. *O menino poeta*. Rio de Janeiro: Bedeschi, 1943.

Renato Ventura/Arquivo da editora

- **Escreva ao lado de cada trecho do poema a fase da vida a que ele se refere.**
- **Agora, justifique as respostas da questão anterior indicando aquilo que você identificou como característica de cada fase citada.**

O ser humano apresenta diferentes características e comportamentos em cada fase da vida. Veja.

Infância

A infância vai desde o nascimento até o início da adolescência, ou seja, de 0 a 11 anos, aproximadamente. É uma fase marcada por muitas novidades, aprendizagens e descobertas que possibilitam o desenvolvimento do ser humano. Nessa etapa o mais importante é brincar, estudar e relacionar-se com o mundo à nossa volta, com as pessoas e outros seres.

Ilustrações: Vicente Mendonça/Arquivo da editora

Adolescência

O início da adolescência ocorre por volta dos 11 anos (período conhecido também como puberdade) e vai até a fase adulta. Durante a adolescência, acontecem muitas mudanças no corpo, nos gostos e nas preferências de cada pessoa.

Fase adulta

Nesta fase, que começa por volta de 21 anos, em geral as pessoas iniciam a vida profissional e vão adquirindo mais independência e responsabilidade. Algumas constituem família nessa etapa, podendo ter filhos; outras optam por estudar, trabalhar, viajar, de modo independente. A fase de crescimento e desenvolvimento do corpo encerrou-se na etapa anterior, a adolescência.

Velhice

As pessoas nesta fase, também denominada terceira idade, são chamadas de idosas. Geralmente nesta fase surgem os cabelos brancos, e as pessoas já acumularam muitos conhecimentos, que podem ser úteis a todos. Os idosos merecem todo o nosso respeito.

- Em que fase da vida você está?

____

- Há algum acontecimento do início da sua infância de que você se recorde? Compartilhe com os colegas.
- Você convive com pessoas idosas? Você as trata com respeito?

____

OS SENTIDOS

Ouvir, ver, tocar, sentir cheiros e diferenciar sabores nos ajuda a perceber o que se passa à nossa volta.

Leia o poema sobre esse assunto.

O MEU CORPO

Eu tenho dois olhos
que são para ver.

Eu tenho um nariz
que é bom para cheirar.

Eu tenho uma boca:
serve para comer.

E eu tenho orelhas
que são para escutar.

Tenho duas pernas
e tenho dois braços.

Que servem para andar
e para os abraços.

ROCHA, Ruth; NORO, João. *Meu corpo*. São Paulo: Melhoramentos, 1983.

- Que partes do corpo são citadas no poema? Você acha que todas essas partes são importantes? Por quê?

Os órgãos dos sentidos do corpo humano (orelhas, olhos, pele, nariz e língua) captam os estímulos do ambiente e os enviam para o cérebro, parte do encéfalo, que recebe as informações e reconhece as sensações.

órgãos: partes de um organismo que desempenham funções específicas.

encéfalo: é o órgão mais importante para a manutenção das atividades corporais.

Christiane Messias/Arquivo da editora

AUDIÇÃO

Você já notou quantos sons diferentes existem ao nosso redor? Experimente fechar os olhos por alguns segundos e prestar atenção nos sons do ambiente. Você consegue identificar de onde vêm esses sons?

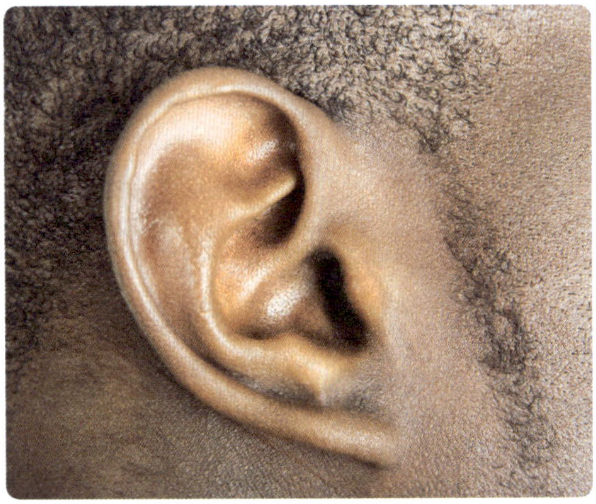

Piotr Marcinski/Shutterstock/Glow Images

Orelha humana. A parte mais externa da orelha se chama **pavilhão auditivo**.

As orelhas são os órgãos do sentido da **audição**. Elas captam diferentes sons do ambiente.

Algumas pessoas que não escutam utilizam a linguagem de sinais e a leitura labial para se comunicar. Há casos em que um **aparelho auditivo** pode ajudar uma pessoa a ouvir melhor.

Brian Mitchell/Corbis/Latinstock

Comunicação por linguagem de sinais.

- Destaque o alfabeto manual do **Material Complementar** e aprenda a soletrar algumas palavras em libras (a língua brasileira de sinais).

VISÃO

Repare na imagem ao lado. O que mais chama sua atenção?

Os olhos são os órgãos do sentido da **visão**. Eles são sensíveis à luz e nos permitem identificar as cores, o formato e a posição dos objetos.

- **Destaque outras obras do artista Victor Vasarely do Material Complementar e conheça um pouco mais desse trabalho que estimula e confunde o sentido da visão.**

Reprodução/Coleção particular

Vega-Gyongiy-2, acrílico sobre madeira de Victor Vasarely (1971).

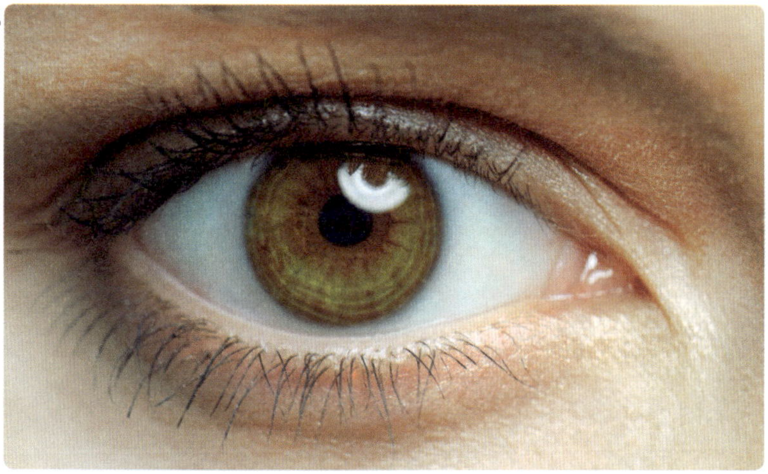

Pressmaster/Shutterstock/Glow Images

Olho humano.

Muitas pessoas compensam certas deficiências na visão com o uso de óculos ou de lentes de contato. Mas há deficientes visuais que não enxergam nada. Essas pessoas utilizam os outros sentidos para perceber o mundo, como a audição, o olfato e o tato.

Serhiy Kobyakov/Shutterstock

TATO

Mesmo no escuro, com os olhos fechados, podemos identificar muitas das coisas que tocamos.

A pele é o órgão do sentido do **tato**.

Por meio do tato conseguimos sentir um leve toque, se no ambiente está frio ou calor, reconhecer se um objeto é áspero ou liso, se é duro ou macio, etc.

Para quem não enxerga ou enxerga muito pouco, é possível ler por meio do **sistema braile**, que utiliza o sentido do tato.

Kamira/Shutterstock

Alsu/Shutterstock/Glow Images

Leitura baseada na percepção pelo tato.

OLFATO

Observe a história em quadrinhos.

- O que aconteceu na história em quadrinhos? Qual dos órgãos dos sentidos foi utilizado pelos personagens?

O nariz é o órgão do sentido do **olfato**. Ele não só nos ajuda na respiração como também pode detectar muitos cheiros. Alguns cheiros são agradáveis, como o cheiro de uma comida de que gostamos, ou ruins, como o cheiro de fumaça que alguns carros soltam. O olfato também pode nos auxiliar a perceber um perigo, como o cheiro de gás vazando.

GUSTAÇÃO

Observe as imagens.

Mijang Ka/Flickr RF/Getty Images

Oksana Kuzmina/Shutterstock

Por meio da língua percebemos os gostos: ela é o órgão do sentido da **gustação** ou **paladar**.

A língua é coberta por milhares de papilas linguais, que são sensores minúsculos capazes de reconhecer o sabor e a temperatura (quente, morna, fria) de alimentos e bebidas.

O olfato e a gustação estão relacionados: sentimos os sabores com a língua e identificamos os diferentes gostos com a ajuda do nariz. Por isso, quando estamos gripados não sentimos direito o gosto dos alimentos.

- Você e os colegas vão observar como alguns de seus sentidos funcionam em conjunto. Para isso, o professor vai disponibilizar para vocês alguns alimentos, alguns objetos e uma venda, que um aluno por vez vai utilizar. Siga as etapas:

Simone Ziasch/Arquivo da editora

1. Primeiro, coloque a venda nos olhos. Tampe então o nariz com a mão. O professor lhe dará um alimento para provar, e você deverá tentar descobrir o que é.
2. Depois, destampe o nariz. O professor lhe dará outro pedaço do mesmo alimento que você provou com o nariz tampado. Você deverá então comparar o gosto que sentiu com o nariz tampado e o que sentiu com o nariz destampado.
3. Sem tirar a venda, toque alguns objetos que o professor vai separar. Manuseie-os com cuidado e diga o que você acha que é e como você chegou à sua conclusão.

- **Depois de passar pela experiência, converse com os colegas e o professor: vocês sentiram alguma diferença entre o sabor do alimento que ingeriram com o nariz tampado e com o nariz destampado? E quanto aos objetos, sentiram alguma dificuldade em tentar identificá-los sem que pudessem vê-los?**

NESTE CAPÍTULO, VOCÊ VIU QUE:

- Os seres humanos passam por mudanças nas diferentes fases da vida, e cada uma delas tem características e comportamentos próprios.
- O ser humano percebe o ambiente por meio dos órgãos dos sentidos.

LEITURA DE IMAGEM

TROCANDO CONHECIMENTOS

Crianças, adolescentes, adultos e idosos têm conhecimentos diferentes. Certamente, você já aprendeu algo com pessoas mais velhas e mais novas e também ensinou alguma coisa a alguém.

OBSERVE

Fabio Columbini/Acervo do fotógrafo

Crianças do povo Guarani-Mbyá aprendendo artesanato em sua aldeia.

1. As crianças mostradas na imagem parecem ser:

☐ da mesma fase da vida. ☐ de fases diferentes da vida.

2. Em que fase da vida está a pessoa que ensina a fazer artesanato?

____

____

3. Que partes do corpo as crianças podem estar colocando em ação para aprender a fazer o artesanato? Como é possível saber?

___

4. As pessoas que aparecem na imagem ao lado estão em que fase da vida?

___

___

___

Gawrav Sinha/The Agency Collection/Getty Images

Jovem indiano e o avô, com aparelho de telefone celular moderno.

5. Qual delas parece estar ensinando artesanato à outra? Como é possível saber?

ANALISE

6. Nas duas fotografias, observamos que:

- [ ] o interesse em aprender aparece em qualquer cultura e em qualquer fase da vida.
- [ ] podemos sempre aprender algo com diferentes pessoas.
- [ ] só as crianças têm interesse em aprender.

RELACIONE

7. Você acha importante que as pessoas que vivem de modos diferentes troquem conhecimentos entre si? Por quê?

___

___

___

___

ATIVIDADES DO CAPÍTULO

1. Observe a imagem. Ela representa as diferentes fases do ciclo de vida de um ser humano.

Vicente Mendonça/Arquivo da editora

a) Faça um **X** na imagem que representa a fase de vida em que estão os seus pais ou responsáveis. Abaixo, escreva que fase é essa.

____

b) O que há de diferente entre a figura que representa a infância e a que representa a fase adulta?

____

____

____

2. Em casa, peça aos seus pais ou responsáveis que mostrem fotos suas da época em que você era bebê. Escreva no caderno quais mudanças ocorreram no seu corpo.

3. Identifique qual é o órgão dos sentidos mais usado em cada situação.

Ilustrações: Simone Ziasch/Arquivo da editora

4. Observe as imagens dos alimentos abaixo e faça um **X** no quadro para indicar que sabor você acha que cada alimento apresenta com mais intensidade.

As imagens desta página não estão representadas em proporção.

Fotos: Da esquerda para a direita: Tobik/Shutterstock/Glow Images, Madlen/Shutterstock/Glow Images, Valentyn Volkov/Shutterstock/Glow Images, Nattika/Shutterstock/Glow Images, Margouillat Photo/Shutterstock/Glow Images

Amargo					
Doce					
Azedo					
Salgado					

- Com os colegas e com a supervisão de um adulto, experimente cada um dos alimentos do quadro acima. Depois, converse com os colegas se o que você imaginou sobre o gosto deles se confirmou ou não.

ENTENDER E PRATICAR CIÊNCIAS

VOCÊ ME ENTENDE?

Você acha que os sentidos são necessários para se comunicar com outras pessoas? Vamos fazer uma experiência para você perceber isso melhor!

Ilustrações: Vicente Mendonça/Arquivo da editora

Primeira parte

- Forme uma dupla com um colega e tentem se comunicar sem usar a fala. Vocês podem desenhar, fazer mímicas ou usar outros recursos.
- Com os recursos escolhidos, tente fazer seu colega entender o que você está "dizendo". Depois invertam os papéis.

Agora que você e seu colega já experimentaram produzir e entender informações sem usar a fala, responda às questões.

1. Seu colega conseguiu entender tudo o que você "disse" ou somente uma parte? Qual informação ele não entendeu?

____

2. Você conseguiu entender tudo o que seu colega "disse"?

____

- Qual das informações passadas por ele você não entendeu? Por que você acha que isso aconteceu?

____

3. Foi mais fácil tentar comunicar algo ou tentar entender o que estava sendo passado pelo colega?

4. Que sentidos geralmente utilizamos quando conversamos com alguém?

- Nesta atividade qual dos sentidos você não pôde usar?

Segunda parte

Nesta proposta você vai "falar" algo para o seu colega apenas mexendo os lábios, sem emitir sons. Ele fará o mesmo com você.

- Escolha uma frase e tente transmiti-la para o colega apenas movimentando os lábios.
- Você achou mais fácil transmitir informações desta forma ou como fez na primeira parte desta atividade, usando gestos? Por quê?

CAPÍTULO

12 CUIDADOS COM A SAÚDE

HIGIENE PESSOAL

Para manter a saúde do corpo, é preciso cultivar alguns hábitos. Veja a história em quadrinhos e responda às questões no caderno.

Ilustrações: Renato Ventura/Arquivo da editora

- Nessa história, o que a criança fez para cuidar da limpeza do corpo?
- Quais desses cuidados com o corpo você costuma ter?
- De qual deles você mais gosta? Por quê?
- Além desses, que outros cuidados com o corpo devemos ter?
- Em que fase da nossa vida outras pessoas são responsáveis pela limpeza do nosso corpo?

Manter nosso corpo limpo é muito importante para evitarmos doenças. Hábitos de higiene pessoal e outros cuidados são importantes para a saúde.

Tomar banho diariamente, usar roupas limpas, lavar as mãos, manter as unhas curtas e limpas, não andar descalço e escovar os dentes são alguns dos hábitos de higiene pessoal que devemos ter diariamente.

higiene: conjunto de hábitos que conduzem ao bem-estar e à saúde.

Higiene bucal

Depois que comemos, restos de alimentos ficam presos nos dentes e na língua, causando cáries e outros problemas. Por isso, ao acordar, após as refeições e antes de dormir, devemos sempre escovar os dentes.

Veja as etapas da higienização bucal.

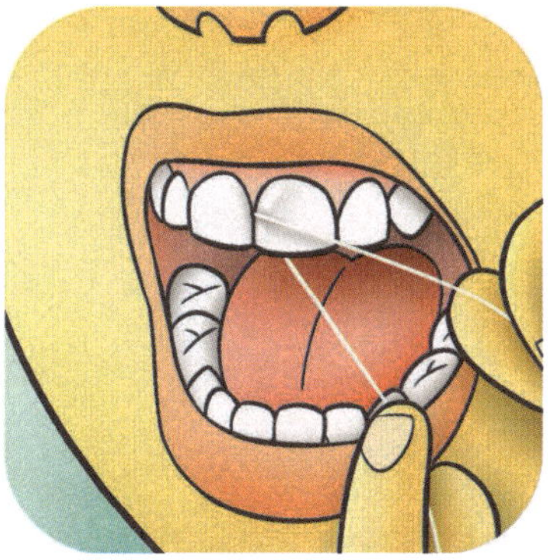

1. Use o fio dental para limpar entre os dentes.

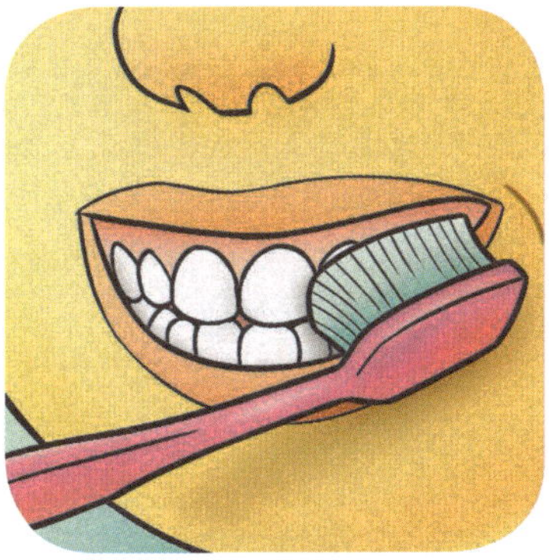

2. Com a escova inclinada, escove da gengiva à ponta dos dentes.

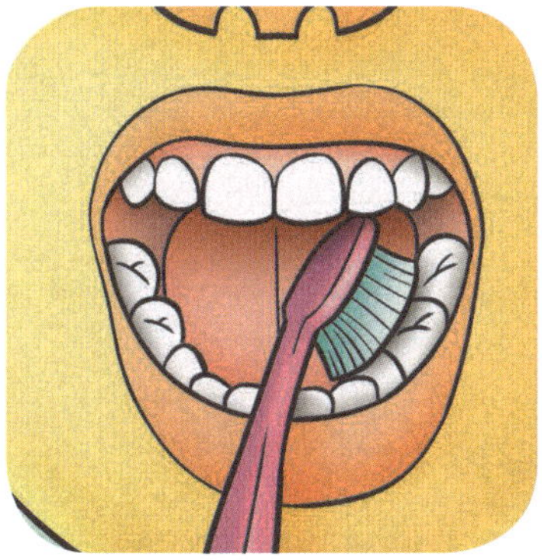

3. Escove o lado dos dentes que fica em contato com a língua.

Ilustrações: Renato Ventura/Arquivo da editora

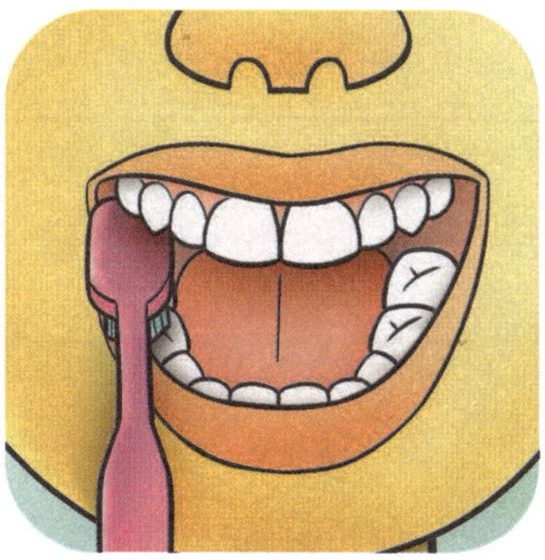

4. Escove os dentes de trás.

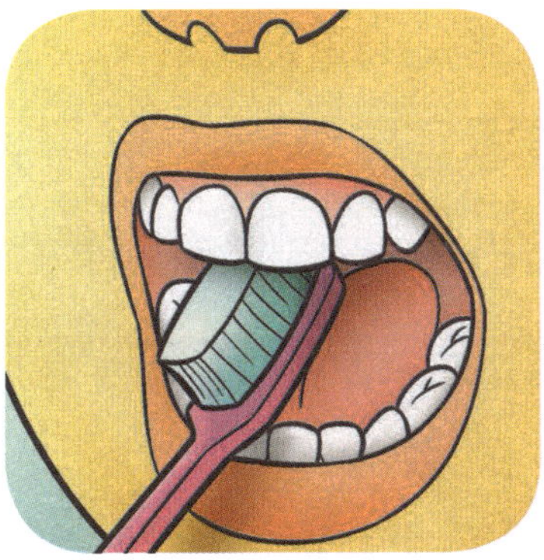

5. Escove a parte interna dos dentes.

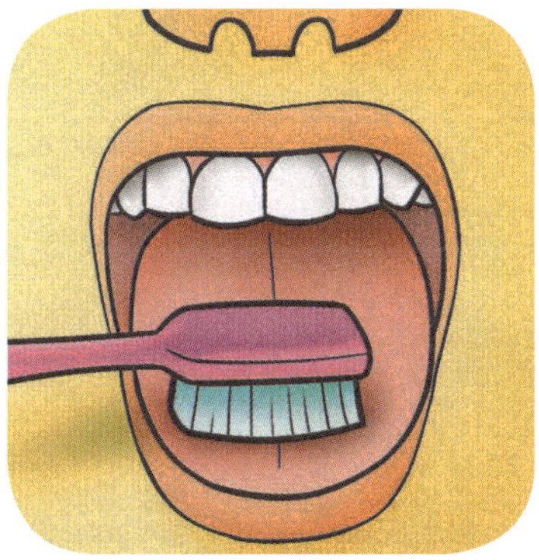

6. Não se esqueça de escovar a língua.

HIGIENE DOS AMBIENTES

- Que outros hábitos devemos ter para manter a saúde?

Além da higiene do nosso corpo, existem outros hábitos que devemos cultivar para ter um corpo saudável, como nos alimentar de forma saudável, cuidar da conservação dos alimentos, beber bastante água, dormir em média 8 horas por dia e praticar esportes.

Precisamos também contribuir para a limpeza e a organização dos locais que frequentamos, como nossa casa, nossa escola, nosso bairro, nossa cidade, para termos um ambiente agradável e que faça bem a todos.

- Complete o quadro com três exemplos de hábitos de higiene dos ambientes que são realizados em sua casa e na escola.

Em casa	Na escola

Simone Ziasch/Arquivo da editora

A limpeza e a conservação dos lugares que frequentamos dependem da atitude que temos em relação a eles.

Em casa, podemos organizar nossos objetos pessoais, nosso quarto e ajudar quem estiver cuidando da limpeza para que toda a família possa viver em um ambiente saudável.

Na escola também há muitas maneiras de contribuirmos. Veja algumas:

- Organizar as carteiras e outros objetos da sala de aula.
- Manter o chão, as paredes e as carteiras limpas.
- Preservar os trabalhos expostos pelos colegas.
- Manter os banheiros limpos.
- Colocar o lixo nas lixeiras adequadas.

Simone Ziasch/Arquivo da editora

PREVENÇÃO DE ACIDENTES

prevenção: preparação antecipada adotando certos cuidados para evitar determinado mal.

Dentro e fora de casa existem situações que podem resultar em acidentes. Muitos desses acidentes podem ser evitados se tomarmos alguns cuidados.

Podemos ter atitudes de prevenção para garantir nossa saúde.

- **Proponha legendas para avisar as pessoas dos perigos que existem nestas situações.**

Ilustrações: Renato Ventura/Arquivo da editora

Em casa existem objetos e situações que ameaçam nossa saúde. Se não ficarmos atentos, podemos nos queimar, nos intoxicar e nos machucar.

Conheça algumas formas de evitar acidentes domésticos.

Cortes e queimaduras – Na cozinha, evite o contato com objetos cortantes e fique atento ao fogão, que pode estar com o fogo aceso ou o forno ligado.

Ilustrações: Renato Ventura/Arquivo da editora

Quedas – É preciso tomar cuidado com janelas, sacadas, escadas e lajes. Se precisar de algum objeto e não conseguir alcançá-lo, peça ajuda a um adulto.

Intoxicação – Produtos de limpeza, venenos e cosméticos são tóxicos e não devem ser ingeridos. Remédios também podem causar envenenamento e devem ser tomados com orientação médica.

Afogamento – Em piscinas ou banheiras, esteja sempre acompanhado de um adulto, mesmo que você saiba nadar ou que os locais sejam considerados rasos.

NESTE CAPÍTULO, VOCÊ VIU QUE:

- Manter hábitos de higiene pessoal e dos ambientes é muito importante para a saúde.
- Existem situações em que nossa saúde pode ser colocada em risco.
- Há acidentes que podem ser evitados.

ATIVIDADES DO CAPÍTULO

1. Cite três cuidados que devemos ter em relação a nossa higiene pessoal.

2. Com a ajuda do professor, pesquise quais cuidados devemos ter com a água e com os alimentos que consumimos. Registre o que descobriu abaixo.

3. Como devemos cuidar da nossa saúde bucal?

4. Uma boa alimentação é muito importante para a saúde.
Desenhe abaixo uma refeição que você considera saudável.

5. Circule a cena que apresenta uma situação que pode colocar em risco a saúde de uma pessoa. No caderno, explique sua escolha.

Ilustrações: Renato Ventura/Arquivo da editora

6. Você já reparou como fica o espaço utilizado para a realização de uma festa infantil quando ela termina? Observe a imagem abaixo.

a) É possível notar uma preocupação das pessoas com a higiene do local?

____

b) Cite algo que aparece na imagem que comprova sua resposta.

____

____

c) Quando vai a uma festa, você se preocupa em jogar o lixo no local adequado e não desperdiçar alimentos?

ENTENDER E PRATICAR CIÊNCIAS

A SAÚDE EM CARTAZ

Você sabia que brincar também é uma maneira de manter o corpo saudável? Vamos ver como é divertido ser saudável!

Perguntas

1. Que hábitos de higiene pessoal devemos ter para manter a saúde do corpo?
2. Além da higiene, que outros hábitos saudáveis devemos cultivar?

Pesquisa

- Para responder a essas perguntas, utilize as informações deste livro e amplie seus conhecimentos fazendo uma pesquisa em outros livros, revistas, na internet, etc. Você também pode entrevistar profissionais da área da saúde e conhecer a opinião deles sobre o assunto.

Ilustrações: Vicente Mendonça/Arquivo da editora

Registro dos resultados da pesquisa

- Com os resultados da pesquisa, produza panfletos, cartazes, jornais, revistas, vídeos ou encene uma peça de teatro informando sobre a importância da higiene e de bons hábitos para a manutenção da saúde.

Apresentação

- Utilizando a sua produção e a de seus colegas, e com a ajuda do professor, vocês poderão criar uma campanha de conscientização e promoção da saúde e apresentá-la à comunidade escolar.
- Aproveite a oportunidade para realizar uma exposição ou programe um momento com as turmas menores ensinando como realizar uma escovação de dentes eficaz, por exemplo.

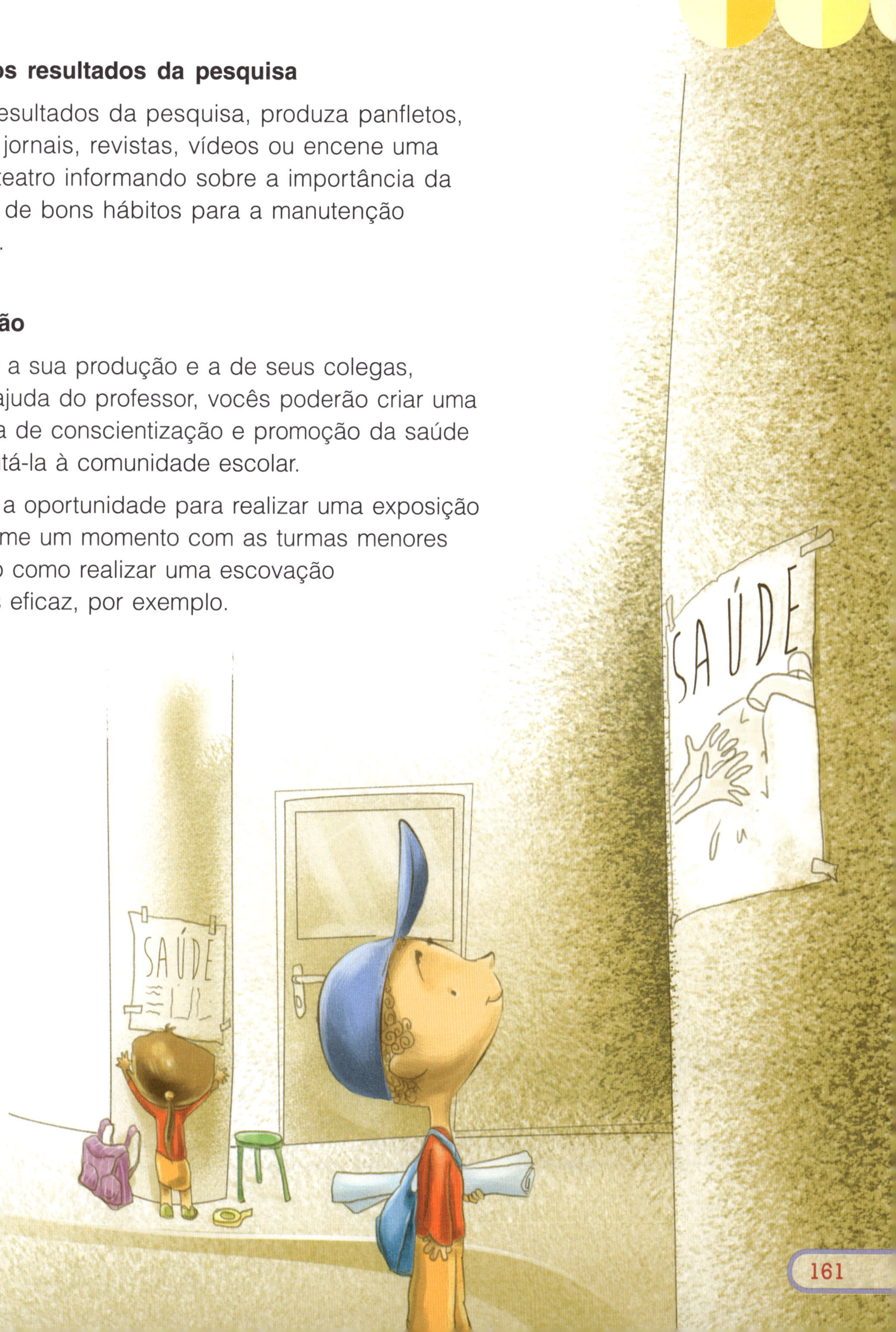

LER E ENTENDER

Você conhece algum texto que comece com a expressão "O que é, o que é"?

Os textos que começam dessa maneira são chamados de adivinhas, porque são brincadeiras de pergunta e resposta.

A seguir, você lerá algumas adivinhas. Veja se você consegue decifrá-las.

O que é, o que é:

Buraco sem serventia,
Não existe quem não tem,
Homem tem, mulher tem,
Velho e criança também?

AZEVEDO, Ricardo. *Armazém do folclore.* São Paulo: Ática, 2000. p. 94.

O que é, o que é:

É planta e anda no chão
Seu moço, não é abuso
Diga lá qual é a planta
Que no mundo tem mais uso?

AZEVEDO, Ricardo. *Armazém do folclore.* São Paulo: Ática, 2000. p. 52.

O que é, o que é:

Tem coroa, mas não é rei,
Tem raiz e não é planta
Às vezes pode doer
Trabalha muito na janta?

AZEVEDO, Ricardo. *Armazém do folclore.* São Paulo: Ática, 2000. p. 69.

Ilustrações: Christiane Messias/Arquivo da editora

ANALISE

1. Você já conhecia alguma dessas adivinhas?

____

2. Você achou as adivinhas fáceis ou difíceis? Por quê?

____

____

3. Observe como as adivinhas foram escritas e diga:

a) Como as adivinhas se organizam?

☐ Em versos. ☐ Em parágrafos.

b) O que se repete em cada uma das adivinhas?

____

4. Leia em voz alta as adivinhas e observe a sonoridade das palavras. O que elas têm de parecido com os poemas?

____

____

RELACIONE

5. As respostas que você e seus colegas deram para as adivinhas têm a ver com um assunto que estudaram nesta unidade. Qual assunto é esse?

☐ Cuidados com a saúde. ☐ Partes do corpo.

☐ Órgãos dos sentidos.

- Pinte em cada adivinha uma característica que o ajudou a chegar a essa resposta e que tem a ver com o que você estudou nesta Unidade.

O QUE APRENDI?

1. Observe novamente a imagem que aparece na abertura desta Unidade. Converse com os colegas e o professor e responda.

Christiane Messias/Arquivo da editora

a) Que semelhanças físicas existem entre as pessoas da imagem e você?

b) O que aparece nessa imagem que pode se relacionar com o tema saúde? Por quê?

c) Em qual fase da vida estão as pessoas representadas na imagem?

d) Que sensações relacionadas a cada um dos sentidos podemos ter em situações como esta?

2. Preencha as lacunas abaixo com as palavras do quadro:

parte do corpo	órgão dos sentidos
fase da vida	hábitos de higiene

a) Cabeça, tronco e membros são ______________________ humano.

b) Percebemos se a água do banho está quente ou fria por meio da pele, que é um ______________________.

c) A infância é a ______________________ em que brincamos e aprendemos a falar e a andar, entre outras coisas.

d) Tomar banho, lavar as mãos, escovar os dentes e lavar os alimentos antes de ingeri-los são ______________________ muito importantes para a manutenção de nossa saúde.

3. Este é o momento de pensar no que você aprendeu nesta Unidade. Indique com um **X** na tabela.

Conteúdos estudados	**Compreendi este conteúdo**	**Fiquei com algumas dúvidas e preciso retomar**	**Não compreendi e preciso retomar**
Capítulo 10 Características e partes do corpo humano			
Capítulo 11 Fases da vida e os sentidos			
Capítulo 12 Hábitos de higiene e prevenção de acidentes para manutenção da saúde			

Discuta com os colegas e o professor para entender melhor o seu percurso.

PARA SABER MAIS

LIVROS

A ararinha do bico torto

Walcyr Carrasco. São Paulo: Ática, 2010.

Esta é a história de uma ararinha que nasceu na floresta com o bico torto e foi rejeitada por seus pais e irmãos. Caiu do ninho e foi encontrada por Pedro e seu filho Mário, que a levaram para casa.

Casinhas de bichos

Hardy Guedes Alcoforado Filho. São Paulo: Scipione, 2008.

Como são as moradias dos bichos? Em versos rimados, ficamos sabendo como é o ninho do passarinho, a casa do joão-de-barro, a teia da aranha, o formigueiro e a toca do tatu.

Era uma vez uma semente

Judith Anderson e Mike Gordon. São Paulo: Scipione, 2010.

Você sabe como uma semente se transforma em uma planta?

E de onde vêm as sementes? Conheça a história de uma menina que descobriu tudo isso e muito mais com o avó dela!

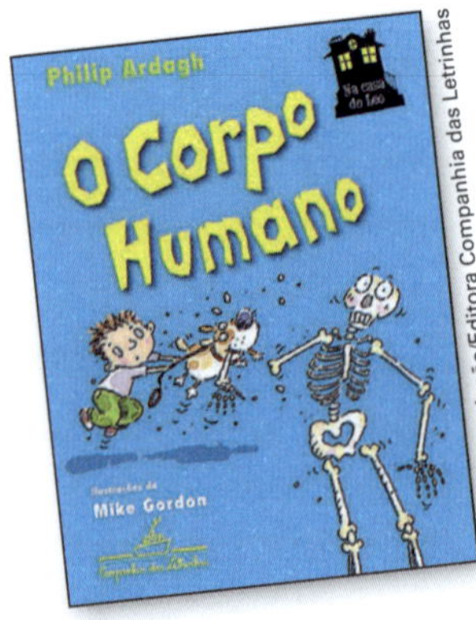

O corpo humano

Philip Ardagh. São Paulo: Companhia das Letrinhas, 2011.

Leo vai receber a visita do Dr. Estênio Escópio e aprender muitas coisas sobre o corpo humano: que os bebês têm mais ossos que um adulto, que os nossos músculos mais poderosos são aqueles usados para morder, entre tantas outras coisas interessantes.

"Por que devo me lavar?"

Claire Llewellyn e Mike Gordon. São Paulo: Scipione, 2002.

A higiene serve para eliminar os germes, que, apesar de invisíveis, estão em toda parte. Algumas atitudes simples, como lavar as mãos, tomar banho, escovar os dentes, ajudam a evitar doenças causadas por eles.

Saiba mais! Com a turma da Mônica: ecologia e meio ambiente

Mauricio de Sousa. Barueri: Panini Brasil, 2011.

Conheça, em divertidas histórias em quadrinhos da Turma da Mônica, um pouco mais sobre a natureza e seus fenômenos, os animais, as plantas e muito mais!

Tome cuidado em casa

Claire Llewellyn. São Paulo: Scipione, 2009.

A casa é um lugar muito especial, confortável e seguro. Mas é preciso ficar de olho naquilo que apresenta perigo: objetos afiados e cortantes, utensílios quentes, fios e plugues ligados à eletricidade, produtos de limpeza, medicamentos. É preciso garantir a própria segurança!

SITES

Ciência hoje das crianças *on-line*

Este *site* traz uma série de informações interessantes, animações divertidas e experimentos da área de Ciências para crianças.

Disponível em: <chc.cienciahoje.uol.com.br>. Acesso em: 1º nov. 2015.

Discovery kids – Jogo Vida Natural

Página com jogos gratuitos cuja temática é a natureza. Permite a abordagem de conceitos de forma simples e descontraída.

Disponível em: <http://discoverykidsbrasil.uol.com.br/jogos/vida-natural/>. Acesso em: 1º nov. 2015.

BIBLIOGRAFIA

BIZZO, Nélio. *Ciências*: fácil ou difícil? São Paulo: Ática, 2002.

BRASIL. Secretaria de Educação Fundamental. *Parâmetros Curriculares Nacionais*. Brasília: MEC/SEF, 1997.

CAMPOS, Maria C. C. et al. *Didática de Ciências*: o ensino-aprendizagem como investigação. São Paulo: FTD, 1999.

COLL, César. *Aprendendo Ciências*. São Paulo: Ática, 1999.

__________ et al. *Aprendizagem escolar e construção do conhecimento*. Porto Alegre: Artmed, 1994.

COLOMER, Tereza; CAMPS, Ana. *Ensinar a ler, ensinar a compreender*. Porto Alegre: Artmed, 2002.

ESPINOSA, Ana Maria. *Ciências na escola:* novas perspectivas para a formação dos alunos. São Paulo: Ática, 2010.

GROSSO, A. B. *Eureka! Práticas de Ciências para o Ensino Fundamental*. São Paulo: Cortez, 2006. (Coleção Oficinas – Aprender fazendo).

KOHL, Mary Ann F.; POTTER, Jean. *Descobrindo a ciência pela arte*: propostas de experiências. Porto Alegre: Artmed, 2003.

LERNER, Delia et al. *Piaget – Vygotsky*: novas contribuições para o debate. São Paulo: Ática, 1995.

LUCKESI, Cipriano C. *Avaliações da aprendizagem escolar*. São Paulo: Cortez, 2005.

MACEDO, Lino. *Ensaios construtivistas*. São Paulo: Casa do Psicólogo, 1994.

PERRENOUD, Philippe. *Dez novas competências para ensinar*. Porto Alegre: Artmed, 2000.

__________; THURLER, Mônica G. *As competências para ensinar no século XXI*. Porto Alegre: Artmed, 2002.

VYGOTSKY, L. S. *Formação social da mente*. São Paulo: Martins Fontes, 1984.

WEISSMANN, Hilda (Org.). *Didática das Ciências Naturais*: contribuições e reflexões. Tradução de Beatriz Affonso Neves. Porto Alegre: Artmed, 1998.

ZABALA, Antoni. *A prática educativa*: como ensinar. Tradução de Ernani. F. da F. Rosa. Porto Alegre: Artmed, 1998.

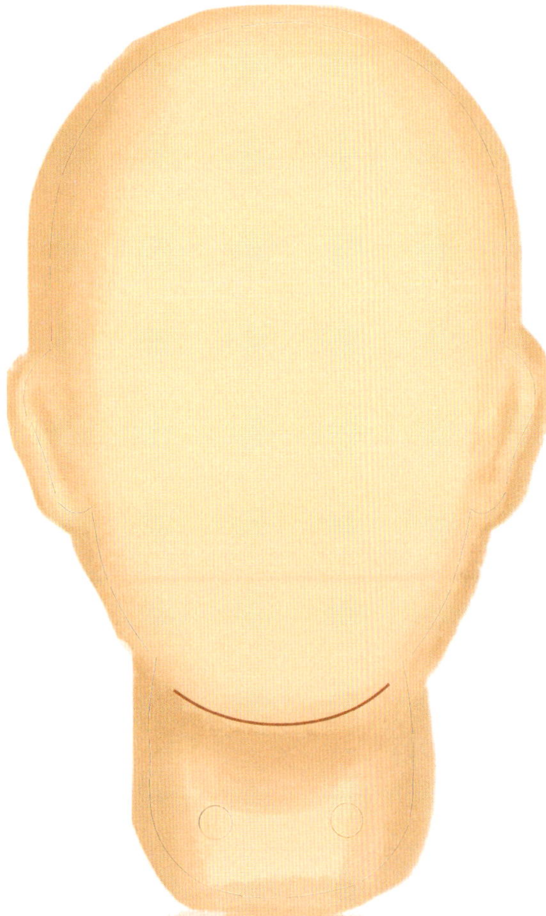

Ricardo Souza/Arquivo da editora

Ricardo Souza/Arquivo da editora

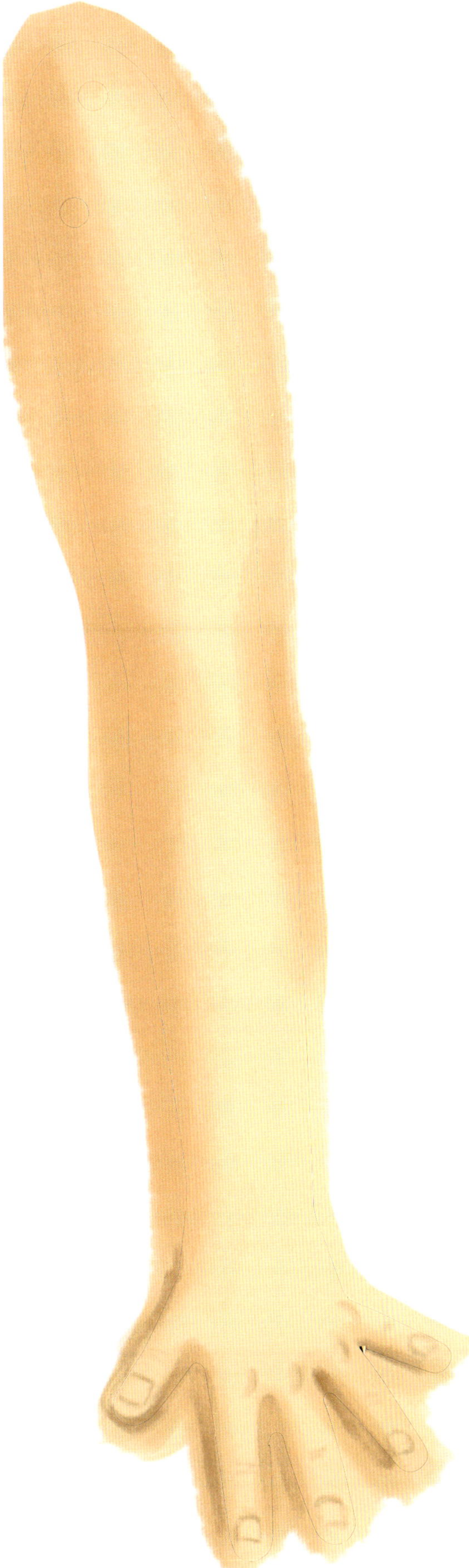

Ricardo Souza/Arquivo da editora

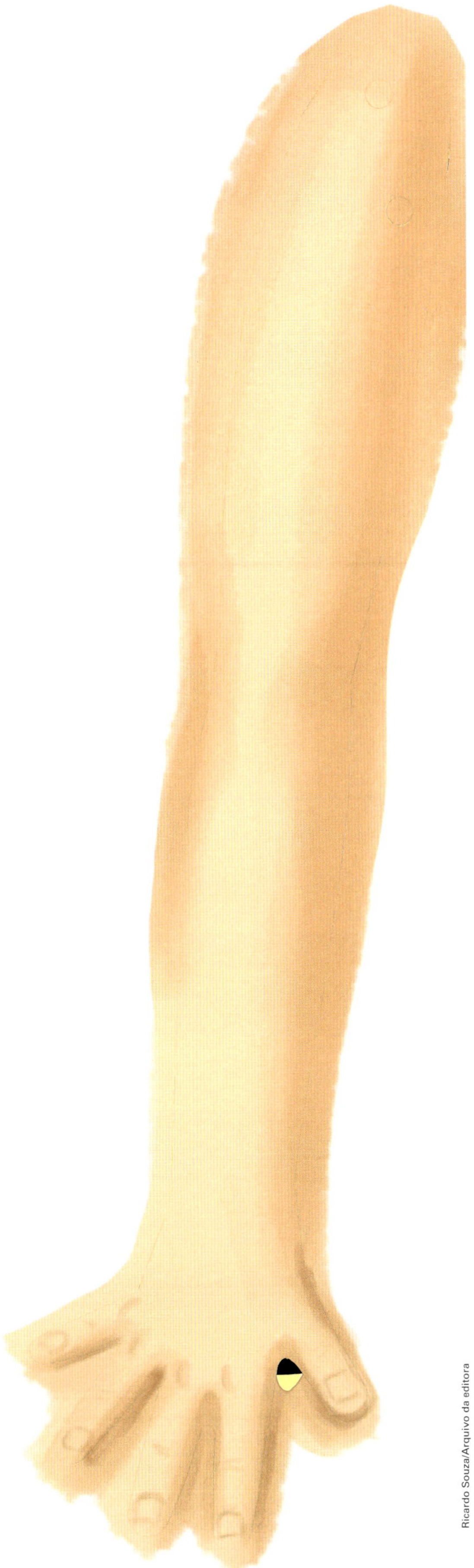

Ricardo Souza/Arquivo da editora

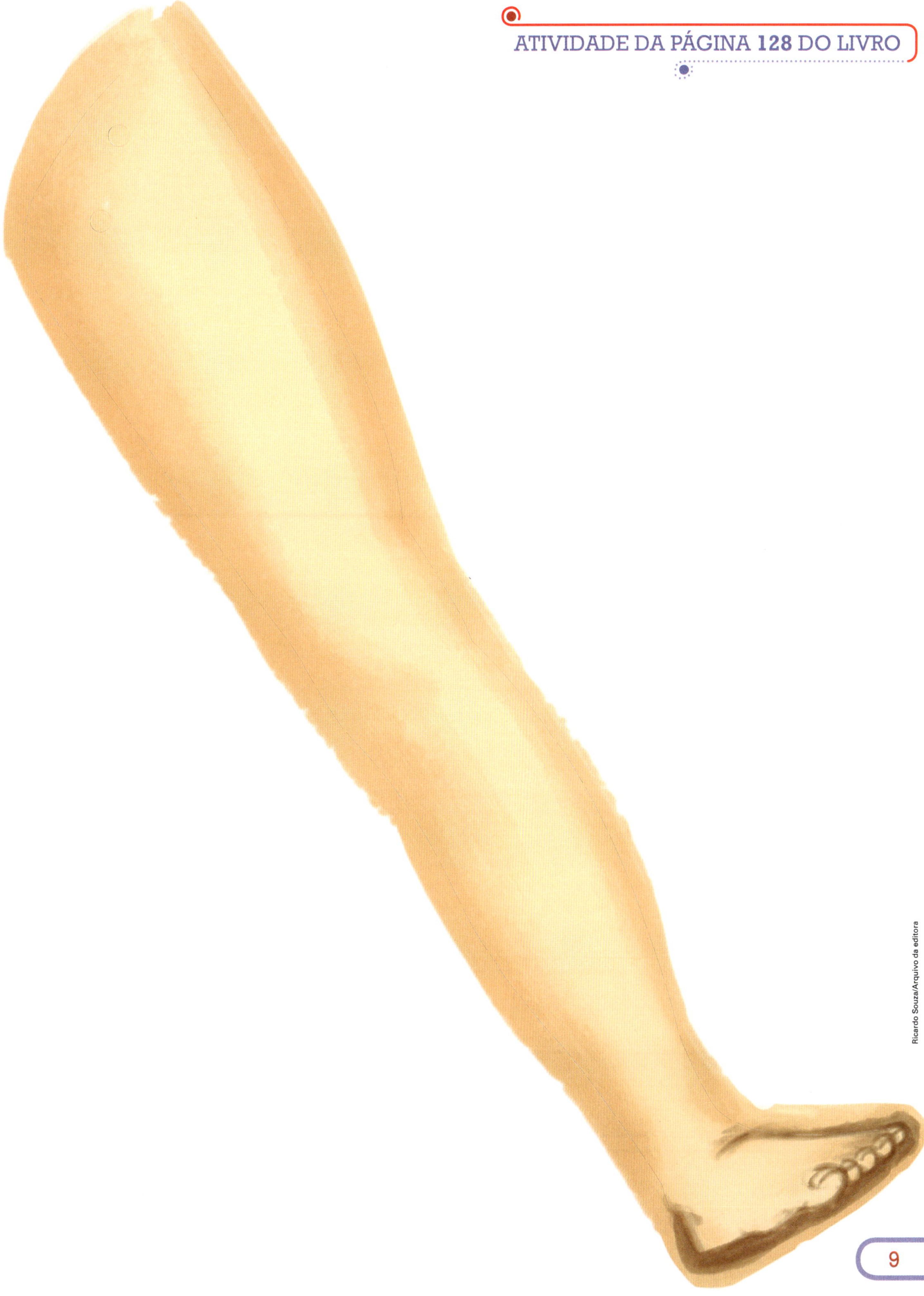

Ricardo Souza/Arquivo da editora

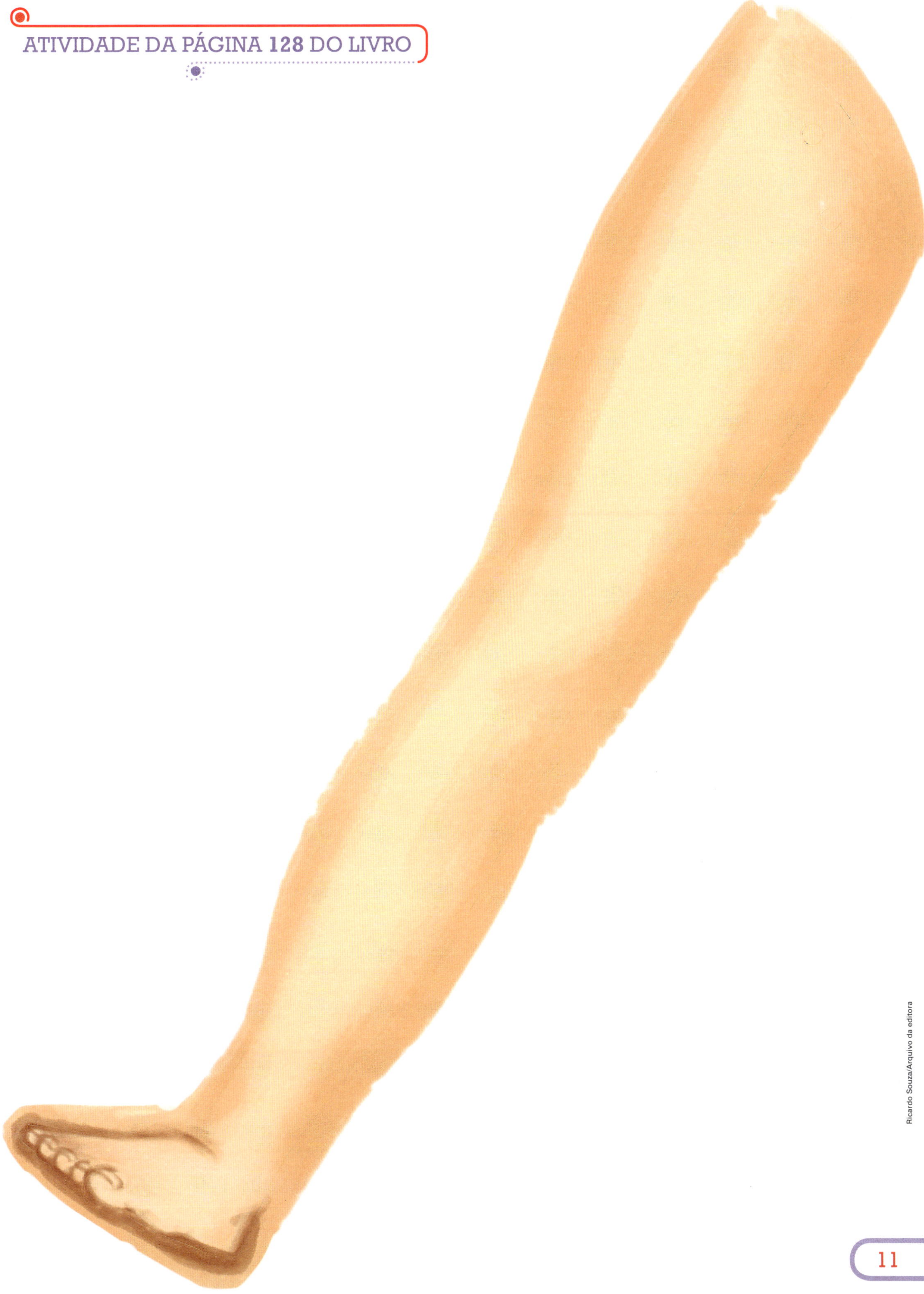

Ricardo Souza/Arquivo da editora

Fotos: Eduardo Santaliestra/ Arquivo da editora

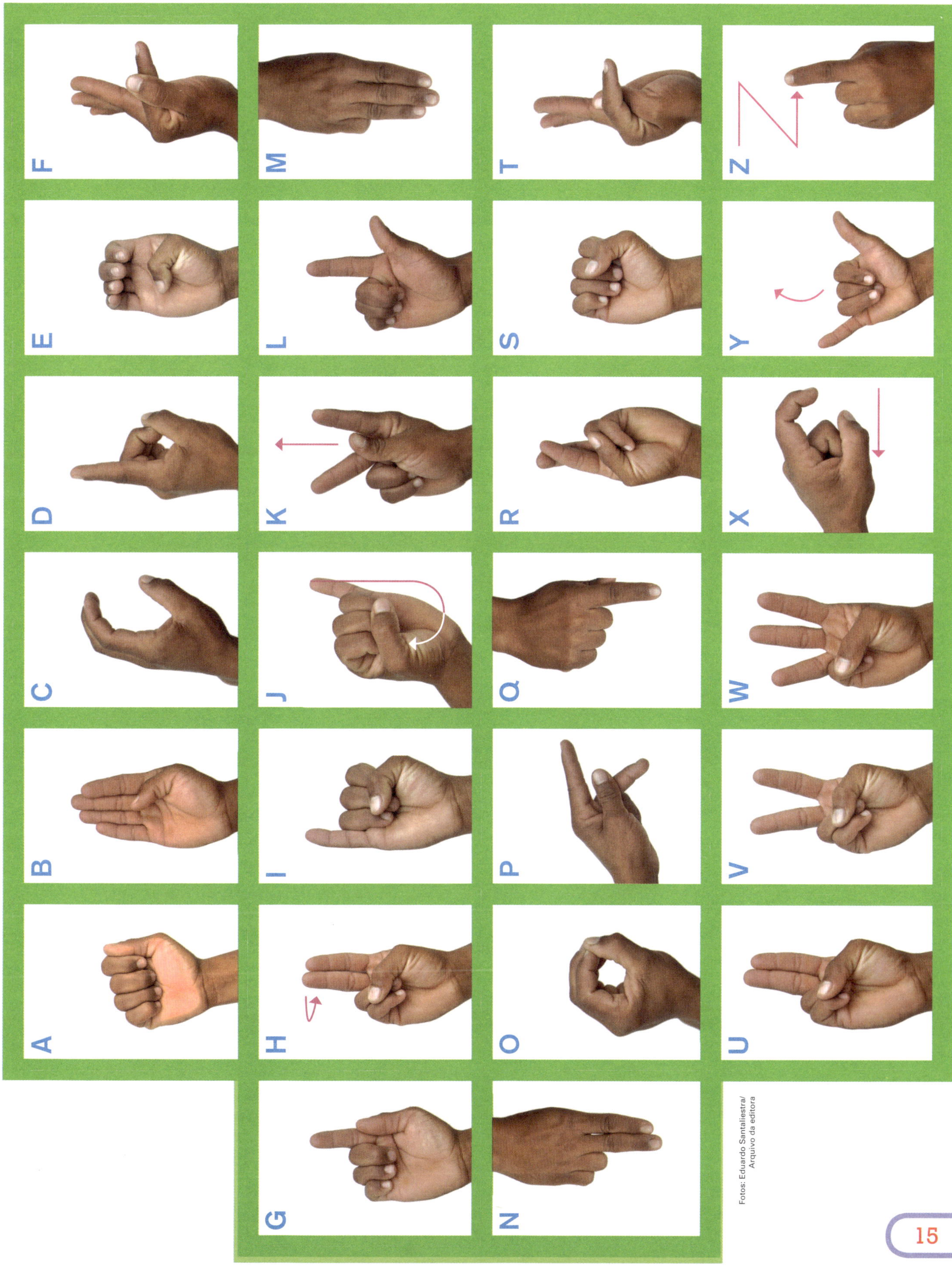

Fotos: Eduardo Santaliestra/ Arquivo da editora

Fotos: Eduardo Santaliestra/ Arquivo da editora

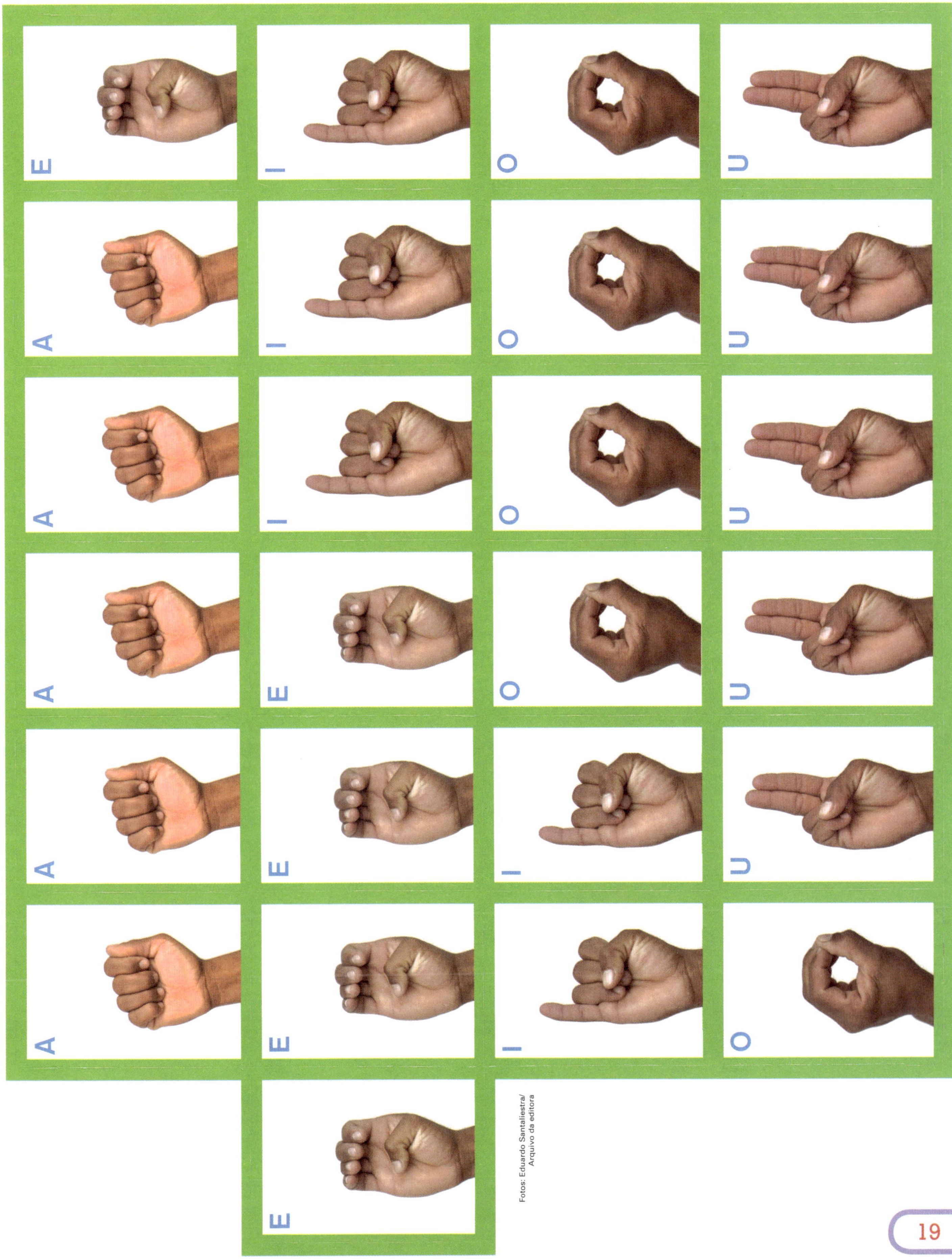

Fotos: Eduardo Santaliestra/ Arquivo da editora

Repredução/Coleção particular

NO CAMINHO ERRADO, DE VICTOR VASARELY, 1944-1947.

ZEBRAS, DE VICTOR VASARELY, 1989.

Fabio Colombini/Acervo do fotógrafo

Eric Gevaert/Shutterstock/Glow Images

Matt Jeppson/Shutterstock/Glow Images

Fabio Colombini/Acervo do fotógrafo

Du Zuppani/Pulsar Imagens

Fabio Colombini/Acervo do fotógrafo

Projeto

LUMIRÁ

CIÊNCIAS 3

Organizadora: Editora Ática S.A.
Obra coletiva concebida pela Editora Ática S.A.
Editora responsável: Heloisa Pimentel

Material de apoio deste volume:

- Cartonados e adesivos

editora ática

editora ática

Diretoria editorial
Lidiane Vivaldini Olo
Gerência editorial
Luiz Tonolli
Editora responsável
Heloisa Pimentel
Coordenação da edição
Isabel Rebelo
Edição
Daniella Drusian Gomes
Gerência de produção editorial
Ricardo de Gan Braga
Arte
Andréa Dellamagna (coord. de criação),
Talita Guedes (progr. visual de capa e miolo),
André Gomes Vitale (coord.),
Mauro Roberto Fernandes (edição)
e Casa de Tipos (diagram.)
Revisão
Hélia de Jesus Gonsaga (ger.), Rosângela Muricy (coord.),
Ana Curci, Célia da Silva Carvalho, Patrícia Travanca,
e Vanessa de Paula Santos,
Brenda Morais e Gabriela Miragaia (estagiárias)
Iconografia
Sílvio Kligin (superv.),
Denise Durand Kremer (coord.), Carlos Luvizari e
Evelyn Torrecilla (pesquisa)
Cesar Wolf e Fernanda Crevin (tratamento de imagem)
Ilustrações
Estúdio Icarus CII – Criação de Imagem (capa),
Andréia Vieira, Giz de cera, Hiroe Sasaki, Joel Bueno,
Júlio Dian, Luis Iria, Mauro Nakata, Priwi, Renato Ventura,
Simone Ziasch, Vicente Mendonça (miolo)
e Vicente Mendonça (cartonados)

Avenida das Nações Unidas, 7221, 3º andar, Setor A
Pinheiros – São Paulo – SP – CEP 05425-902
Tel.: 4003-3061
www.atica.com.br / editora@atica.com.br

Dados Internacionais de Catalogação na Publicação (CIP)
(Câmara Brasileira do Livro, SP, Brasil)

Projeto Lumirá : ciências : 2º ao 5º ano / obra coletiva concebida pela Editora Ática ; editora responsável Heloisa Pimentel. – 2. ed. – São Paulo : Ática, 2016. – (Projeto Lumirá : ciências)

1. Ciências (Ensino fundamental) I. Pimentel, Heloisa. II. Série.

16-01516 CDD-372.35

Índices para catálogo sistemático:
1. Ciências : Ensino fundamental 372.35

2017

ISBN 978 85 08 17868 1 (AL)
ISBN 978 85 08 17869 8 (PR)

Cód. da obra CL 739145

CAE 565 903 (AL) / 565 904 (PR)

2ª edição
2ª impressão

Impressão e acabamento
EGB Editora Gráfica Bernardi Ltda.

Elaboração de originais

Cláudia Cristina Pereira Mendes

Habilitada para o Magistério em Educação Infantil e Ensino Fundamental (1º ao 5º ano)
Licenciada em Pedagogia pela Faculdade Taboão da Serra (SP)
Pós-graduada (*lato sensu*) em Distúrbios da Aprendizagem pelo Centro de Referência em Distúrbios da Aprendizagem
Professora do Ensino Fundamental da rede particular de ensino de São Paulo (SP)

Marianka Gonçalves Santa Bárbara

Licenciada em Letras pela Universidade Federal de Campina Grande (UFCG-PB)
Mestra em Linguística Aplicada pela Pontifícia Universidade Católica de São Paulo (PUC-SP)
Professora da Cogeae-PUC-SP

Projeto LUMIRÁ

Este é o seu livro de
Ciências do 3º ano.

Escreva aqui o seu nome:

....

....

Este livro vai ajudar você a pensar sobre tudo o que você já sabe, a investigar o mundo, a questionar o que vai aprender e a descobrir muito mais sobre o ambiente e seus componentes, o corpo humano e os materiais a nossa volta.

Bom estudo!

Caro aluno

Você está começando seu ano escolar. Ao longo desse tempo, você vai aprender coisas novas e importantes para o seu dia a dia e para o futuro, como:

- ler e escrever, reconhecendo palavras, sons e textos;
- identificar números, operações e figuras;
- conhecer o corpo humano, os animais e a natureza;
- desvendar o lugar em que vivemos;
- entender a história das pessoas e das cidades.

O **Projeto Lumirá** vai ser seu companheiro. Nele você vai encontrar textos, atividades, jogos, ilustrações e fotografias muito interessantes. Você vai aprender, participar das descobertas e se divertir muito.

Bom estudo!

COMO É O MEU LIVRO?

Este livro tem 4 Unidades, cada uma delas com 3 capítulos. No final, na seção **Para saber mais**, há indicações de livros, vídeos e *sites* para complementar seu estudo.

ABERTURA DE UNIDADE

Você observa a imagem, responde às questões e troca ideias com os colegas e o professor sobre o que vai estudar.

CAPÍTULOS

Textos, fotografias, ilustrações e experimentos vão motivar você a pensar, questionar e aprender. Há atividades ao longo de cada tema. No final do capítulo, a seção **Atividades do capítulo** traz mais exercícios para completar seu estudo.

GLOSSÁRIO

O glossário explica o significado de algumas palavras que talvez você não conheça.

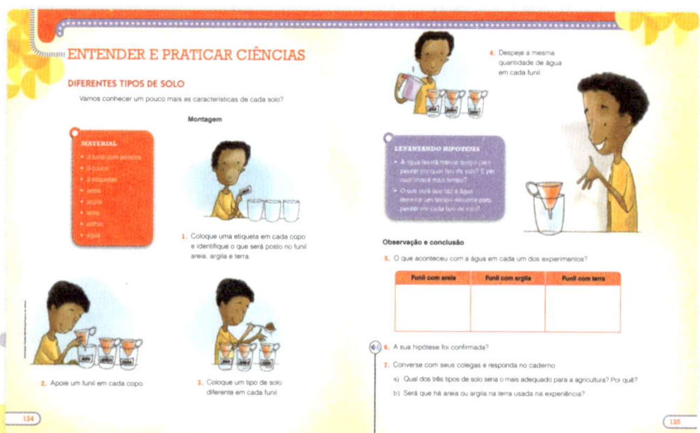

ENTENDER E PRATICAR CIÊNCIAS

Aqui você vai fazer experimentos, pesquisas e outras atividades importantes em Ciências.

LEITURA DE IMAGEM

Aqui você vai fazer um trabalho com imagens. Elas ajudam você a refletir sobre os temas estudados: o que é parecido com seu dia a dia, o que é diferente.

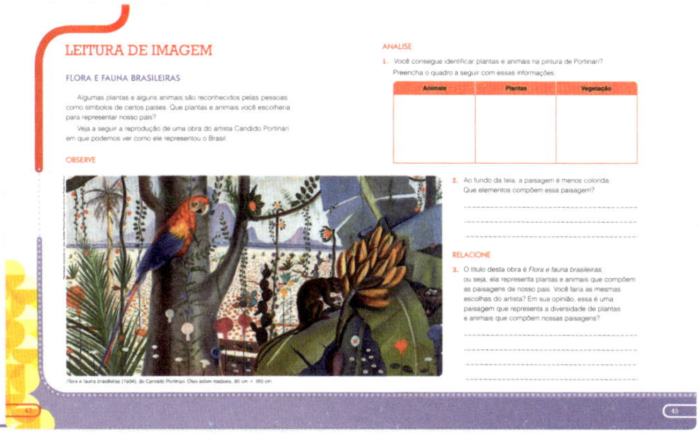

ÍCONE

🔊 Atividade oral

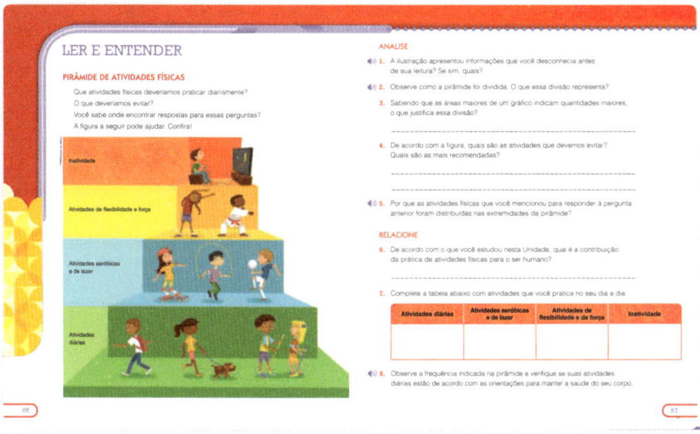

LER E ENTENDER

Nesta seção você vai ler diferentes textos. Pode ser um poema, um rótulo de produto ou uma notícia. Um roteiro de perguntas vai ajudar você a ler cada vez melhor e a relacionar o que leu aos conteúdos estudados.

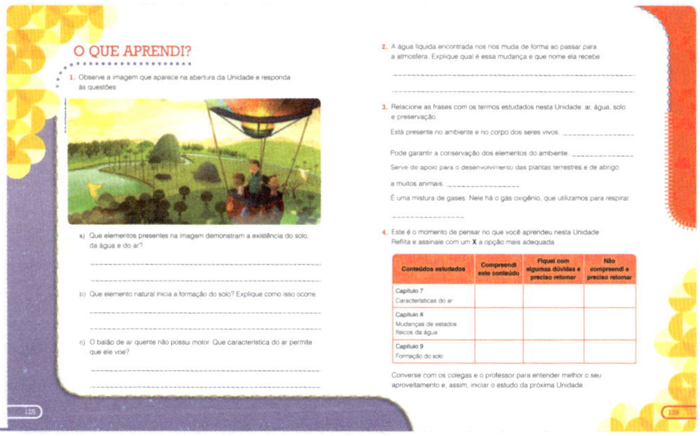

O QUE APRENDI?

Aqui você encontra atividades para pensar no que aprendeu, mostrar o que já sabe e refletir sobre o que precisa melhorar.

Sempre que possível, o tamanho aproximado de alguns seres vivos é apresentado por este símbolo. Quando a medida for apresentada por uma barra vertical, significa que ela se refere à altura. Quando for representada por uma barra horizontal, significa que se refere ao comprimento, que, no caso dos animais, não considera o tamanho da cauda.

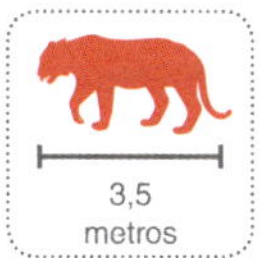

SUMÁRIO

UNIDADE 1

UNIDADE 2

UNIDADE 3

UNIDADE 4

UNIDADE 1

OS SERES VIVOS E O AMBIENTE

- Identifique os elementos que compõem a imagem.
- Você conhece os seres vivos que estão retratados nela?
- Podemos encontrar os mesmos seres vivos em todos os ambientes?
- Qual ser vivo com um importante papel nas transformações dos ambientes não está representado nessa imagem?

Andréia Vieira/Arquivo da editora

CAPÍTULO

1 O AMBIENTE

CARACTERÍSTICAS DOS AMBIENTES

Os elementos da imagem não estão em proporção entre si.

Os ambientes são formados por seres vivos, como os animais e os vegetais, e por elementos não vivos, como a água, o solo, a luz e o calor solar. Observe os ambientes abaixo.

Ambiente aquático

Ambiente terrestre e seco

Ambiente terrestre e frio

Agora, responda às questões no caderno:

- Que seres vivos e elementos não vivos você identifica em cada ambiente?
- Você acha que as características desses ambientes são semelhantes ou diferentes? Por quê?
- Explique com suas palavras por que existem seres vivos diferentes em cada ambiente.

Os ambientes **naturais** são aqueles que não foram criados pelos seres humanos, como os oceanos e as florestas.

O ser humano transforma os ambientes naturais, formando ambientes **construídos** ou **artificiais**, como as cidades e as represas.

De acordo com as características desses ambientes, podemos classificá-los em:

- **aquáticos**, como os oceanos, os rios e os lagos;
- **terrestres**, como as florestas, os desertos e os campos.

Um dos fatores mais importantes para diferenciar os ambientes terrestres é a umidade. As florestas, por exemplo, apresentam maior umidade do que os desertos.

- Identifique os ambientes retratados como naturais ou construídos; aquáticos ou terrestres.

Ismar Ingber/Pulsar Imagens

Lago construído na Praça Paris, no Rio de Janeiro.

____

____

ostill/Shutterstock

Ouro Preto, no estado de Minas Gerais.

____

____

Tupungato/Shutterstock

Mata Atlântica, no estado de São Paulo.

____

____

SERES VIVOS E SEU *HABITAT*

Os seres vivos se desenvolvem em ambientes específicos chamados de ***habitat***. Para sobreviver, os seres vivos encontram em seu *habitat* alimento, água e proteção.

Andre Dib/Pulsar Imagens

A onça-pintada vive em florestas; então, dizemos que o *habitat* da onça-pintada são as florestas.

Observe a imagem a seguir.

Holbox/Shutterstock/Glow Images

- Qual é o *habitat* do peixe?

____

- Em sua opinião, que características do peixe o ajudam a viver nesse ambiente?

____

____

Cada ser vivo está adaptado ao *habitat* em que vive. Isso significa que os seres vivos têm características que lhes proporcionam maior chance de sobreviver em determinado ambiente.

Veja nas fotos alguns exemplos de seres vivos e de seus *habitat*.

Cdelacy/Shutterstock/Glow Images

O tubarão vive e respira dentro da água graças a órgãos que possui. O formato de seu corpo facilita a natação.

D.Kucharski K. Kucharska/Shutterstock/Glow Images

A minhoca não tem membros e vive dentro do solo. A forma alongada e cilíndrica de seu corpo auxilia sua locomoção.

Rosalie Kreulen/Shutterstock/Glow Images

O beija-flor tem um bico que cabe exatamente dentro de certas flores, nas quais ele encontra seu alimento.

Os elementos das imagens não estão em proporção entre si.

Crystalfoto/Shutterstock/Glow Images

Anna Fotyma/Shutterstock/Glow Images

As folhas da babosa têm cerca de 1 centímetro de espessura e armazenam água. Isso permite que a planta se mantenha hidratada mesmo quando há escassez de água.

AS TRANSFORMAÇÕES NO AMBIENTE

Você já reparou que um mesmo ambiente fica diferente ao longo do dia?

Os elementos não vivos, como a luz, a umidade e o calor do Sol, compõem os ambientes e influenciam algumas características dos seres vivos que neles vivem.

Fotos: Sérgio Dotta Jr./Arquivo da editora

A passagem do tempo pode ser observada ao longo do dia. Fotos do Jardim França, em São Paulo, em diferentes períodos do dia.

Os ambientes também podem apresentar características diferentes ao longo do ano. Em algumas regiões, como no Pantanal Mato-Grossense, há um período do ano em que as chuvas são mais intensas, o que interfere nos hábitos dos seres vivos que vivem ali.

Mario Friedlander/Pulsar Imagens

Pantanal no período de cheia. Barão de Melgaço, Mato Grosso.

Ernesto Reghran/Pulsar Imagens

Pantanal no período de seca em Corumbá, Mato Grosso do Sul.

- Onde você vive é possível notar alterações no ambiente ao longo do ano? Quais? Converse com o professor e os colegas.

Para obter os recursos para sua sobrevivência, como abrigo, água, ar e alimento, os seres vivos utilizam os elementos do ambiente. A ação dos seres vivos transforma o ambiente.

O pica-pau abre cavidades no tronco das árvores em busca de alimento e abrigo.

Fabio Colombini/Acervo do fotógrafo

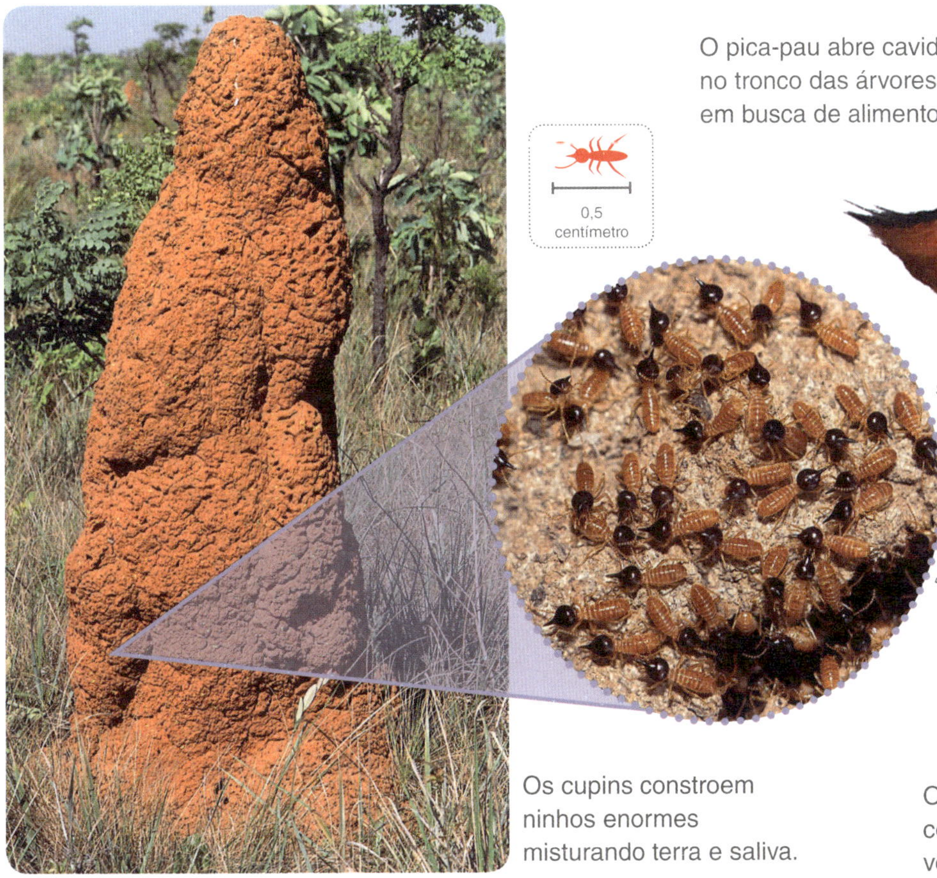

Fabio Colombini/Acervo do fotógrafo

Fabio Colombini/Acervo do fotógrafo

Os cupins constroem ninhos enormes misturando terra e saliva.

Cupinzeiro

Os elementos das imagens não estão em proporção entre si.

Os corais são animais marinhos que constroem estruturas rígidas. Na foto abaixo, vemos a Grande Barreira de Coral da Austrália, que pode ser vista até do espaço.

Trent Townsend/Shutterstock/Glow Images

Dropu/Shutterstock/Glow Images

A AÇÃO HUMANA

- Observe as imagens abaixo. Que diferenças entre o trabalho dos castores e o dos seres humanos explicam a diversidade de tamanho das represas que cada um deles constrói? Troque ideias com o professor e os colegas a respeito disso.

Jody Ann/Shutterstock

Carr Clifton/Minden Pictures/Latinstock

As tocas dos castores são construídas em cursos de água; assim, o represamento serve para evitar a variação no nível das águas. Na foto, vemos a maior represa que se conhece feita por castores: fica no parque Wood Buffalo, no Canadá, e tem 850 metros de extensão.

Delfim Martins/Pulsar Imagens

Usinas hidrelétricas usam água para obter energia elétrica. A represa da Usina Hidrelétrica de Itaipu fica na divisa entre o Paraguai e o estado do Paraná. Para sua construção, foi inundada uma área enorme, muitíssimo maior que a grande represa dos castores.

O ser humano, como os demais seres vivos, transforma o ambiente em que vive. Mas, diferentemente dos outros seres vivos, utiliza **ferramentas** e **máquinas**. Com o uso desses equipamentos, as transformações na natureza podem ser muito mais rápidas e intensas.

Estima-se que a represa feita pelos castores está sendo construída desde a década de 1970. A construção da represa e da usina de Itaipu durou nove anos.

Como no exemplo da represa, percebemos que as alterações feitas pelos seres humanos podem resultar em muitas mudanças na natureza. Grande parte dessas alterações no ambiente pode trazer prejuízos a nós mesmos, aos outros seres vivos e à natureza como um todo.

Há seres vivos que podem viver em ambientes modificados pelo ser humano, como certas árvores, pombos e ratos. Mas outros não sobrevivem fora de seu *habitat*, pois precisam de condições específicas que só encontram em seu **ambiente de origem**.

AFP Photo/Lunae Parracho

Para impedir o avanço da destruição, algumas pessoas se organizam em grupos que atuam na defesa da natureza. Esses grupos também propõem debates a respeito de nosso papel na transformação da natureza. Na imagem, passeata em São Paulo, em 2011.

NESTE CAPÍTULO, VOCÊ VIU QUE:

- Os ambientes são formados de elementos vivos e não vivos.
- Cada ambiente apresenta diferenças em seus componentes.
- Os ambientes podem ser agrupados em aquáticos e terrestres e também em naturais e modificados.
- As características dos seres vivos estão associadas aos seus *habitat*.
- Os seres vivos se relacionam com o ambiente e o transformam.

ATIVIDADES DO CAPÍTULO

1. Leia os textos abaixo e responda às questões.

Viver nos polos

Os polos Ártico e Antártico experimentam invernos extremamente frios, às vezes durante mais de dez meses por ano. As temperaturas caem a – 60 °C na Antártida e, no Ártico, chegam a – 50 °C. [...]

TIME-LIFE. *Ecologia*. Rio de Janeiro: Abril Livros, 1995. p. 48. (Ciência e natureza).

Duas camadas para aquecer

Os bois-almiscarados possuem duas camadas de pelos protetores. A externa, constituída de pelos longos e grossos, protege contra a chuva e a neve; a camada interna de pelos é muito densa e retém o calor do corpo. Os largos cascos impedem que os animais afundem na neve e ajudam-nos a cavar, em busca de alimento.

Boi-almiscarado no Alasca

TIME-LIFE. *Ecologia*. Rio de Janeiro: Abril Livros, 1995. p. 48. (Ciência e natureza).

a) Compare as características do lugar onde você vive com a dos ambientes citados nos textos. Explique sua resposta.

b) Sublinhe no texto características do corpo do boi-almiscarado que permitem sua sobrevivência em baixas temperaturas.

c) Pesquise em livros, revistas e na internet mais informações sobre as características das regiões polares da Terra. Registre o resultado da sua pesquisa no caderno.

2. Observe as imagens a seguir e conte, com suas palavras, o que aconteceu com este ambiente.

Ilustrações Priwi/Arquivo da editora

3. Na região onde você mora há algum problema ambiental, como falta de arborização e lixo pelas ruas, causado pela interferência do ser humano? O que você acha que deveria ser feito para resolver o problema? Se necessário, faça uma pesquisa e registre no caderno o que você descobriu.

ENTENDER E PRATICAR CIÊNCIAS

TERRÁRIO

Você sabia que é possível criar um ambiente dentro de uma garrafa? Agora você vai aprender a construir um terrário.

MATERIAL

- um par de luvas
- uma garrafa PET de 2,5 litros cortada ao meio
- areia
- terra vegetal
- pedrinhas ou cascalho
- carvão vegetal triturado
- mudas pequenas de plantas, como musgos, avencas, samambaias
- filme plástico e elástico ou fita adesiva para fechar o terrário
- ferramentas de jardinagem para plantio das mudas
- uma lupa

Procedimento

1. Vista as luvas. Depois coloque no recipiente, nesta sequência: as pedrinhas, o carvão, a areia e, por último, a terra, formando camadas do mesmo tamanho.

2. Faça pequenos buracos e plante as mudas na camada de terra.

Ilustrações: Vicente Mendonça/Arquivo da editora

3. Molhe a terra com um pouco de água (sem encharcá-la), cubra o recipiente com o filme plástico, passe o elástico ou a fita adesiva em volta para o terrário ficar bem vedado.

4. Ponha o recipiente em um lugar que receba luz solar indireta.

LEVANTANDO HIPÓTESES

- Em sua opinião, os seres vivos do terrário se relacionam entre si? Do que eles se alimentam?
- Os ambientes naturais são parecidos com esse terrário? O que têm em comum? O que têm de diferente?

Observação e registro

Usando a lupa, observe diariamente o terrário, explorando seus elementos, o modo como as plantas se desenvolvem, as modificações que ocorrem no ambiente, etc.

Faça registros em seu caderno, desenhando e descrevendo o que você observa na garrafa, se as plantas cresceram, se há elementos que você não havia percebido antes, etc.

Conclusão

5. Compare suas hipóteses iniciais com o que você observou e pesquisou. Suas hipóteses foram confirmadas?

CAPÍTULO 2

AS PLANTAS

CARACTERÍSTICAS DAS PLANTAS

As plantas apresentam características comuns a outros seres vivos: elas necessitam de alimento e de água, reproduzem-se e passam por um ciclo de vida. Entretanto, elas têm algumas características específicas, como o fato de produzirem o próprio alimento e de não se locomoverem.

Você sabe qual é a importância das plantas para os outros seres vivos?

As plantas são fundamentais para o ambiente porque fornecem alimento e abrigo para os animais e para outros seres vivos. Além disso, o ser humano utiliza as plantas na alimentação e como matéria-prima na fabricação de produtos, como roupas, papel, móveis e outros objetos.

matéria-prima: material principal que se utiliza na fabricação de algo.

Você se lembra de já ter visto alguma planta parecida com as representadas nas imagens abaixo?

O mandacaru, planta de ambiente seco, armazena água no caule, que pode atingir 15 metros de altura. Parque Nacional do Catimbau, em Pernambuco.

Fabio Colombini/Acervo do fotógrafo

Alan49/Shutterstock/Glow Images

As raízes do aguapé absorvem determinados nutrientes da água. A parte que fica fora da água atinge cerca de 15 centímetros de altura.

Existe uma grande variedade de plantas no planeta. Cada tipo de planta tem características que permitem a sobrevivência em seu *habitat*, obtendo dele os recursos de que necessita para viver, como água, sais minerais, luz solar e ar.

Os elementos das imagens não estão em proporção entre si.

As plantas também podem apresentar adaptações às mudanças que ocorrem em um mesmo dia ou ao longo do ano no ambiente onde vivem.

Ipê-rosa florido, na primavera. Parque no estado de São Paulo.

No inverno, as folhas do ipê-rosa caem. Parque no estado de São Paulo.

Fotos: Fabio Colombini/Acervo do fotógrafo

- Se as plantas não se locomovem, como elas podem se distribuir pelos ambientes?

As plantas estão em muitos lugares da Terra. Elas podem alcançar os diversos ambientes por meio da **reprodução** e da **dispersão**.

A flor, presente em muitos tipos de planta, é uma estrutura que está relacionada à reprodução. Ou seja, é por meio das flores que muitas plantas geram novos indivíduos.

PARTES DA FLOR

Os elementos das imagens não estão em proporção entre si.

HEADLAM, Catherine (Ed.). *Science Encyclopedia*. Londres: Kingfisher, 1995. p. 252.

As plantas podem ter seu pólen transportado pelo vento, pela água ou pelos animais.

Quando o grão de pólen chega até a parte feminina de uma flor, pode ocorrer a fecundação. A parte feminina então dá origem às sementes e ao fruto que protege as sementes.

FORMAÇÃO DO TOMATE

Ilustrações: Mauro Nakata/Arquivo da editora

HEADLAM, Catherine (Ed.). *Science Encyclopedia*. Londres: Kingfisher, 1995. p. 272.

Como as sementes se espalham?

Uma parte dos frutos cai próximo à planta e libera suas sementes no solo. A germinação das sementes gera novas plantas, que crescerão perto da planta-mãe.

As sementes também podem se espalhar com a ajuda do vento, da água ou de animais que se alimentam dos frutos. Como os animais costumam se mover em grandes áreas, eles ajudam a espalhar as sementes. Essa é uma das formas pelas quais as plantas podem se dispersar. Outras plantas, como a mamona, têm um mecanismo que arremessa as sementes para longe. O fruto da mamona estoura e as sementes são lançadas.

Stubblefield Photography/Shutterstock/Glow Images

As aves às vezes eliminam, a quilômetros de distância, as sementes dos frutos que comem.

A ação do vento e da água na dispersão de sementes

Mauro Nakata/Arquivo da editora

Os elementos da imagem não estão em proporção entre si.

Elaborado com base em dados de: ARAGUAIA, Mariana. Disseminação da semente. Escola Kids. Disponível em: <www.escolakids.com/disseminacao.htm>. Acesso em: 4 jan. 2016.

CLASSIFICAÇÃO DAS PLANTAS

Classificar ou agrupar os seres, reconhecendo suas semelhanças e diferenças, é uma forma de estudá-los e conhecê-los melhor.

Quando queremos identificar uma planta podemos, por exemplo, indicar as características do caule (liso, grosso, com espinhos, etc.) e o seu tamanho (ou porte). Veja os exemplos abaixo.

Rasteira: a grama é uma planta **pequena** que tem aproximadamente 10 centímetros de altura.

Arbustiva: as camélias (ou jasmins) são plantas que atingem mais ou menos 1 metro de altura, portanto seu porte é **médio**.

Arbórea: o ipê-amarelo é uma planta de **grande** porte. Esta árvore mede cerca de 15 metros.

Também podemos considerar os ambientes em que as plantas vivem e agrupá-las em aquáticas e terrestres.

As plantas aquáticas, como as vitórias-régias, vivem na água.

Planta terrestre, típica do Cerrado brasileiro.

Por meio de estudos, os cientistas definem alguns critérios para a **classificação científica** das plantas.

Uma característica importante para a classificação científica das plantas, por exemplo, é a presença ou ausência de flores durante o seu ciclo de vida.

Fabio Colombini/Acervo do fotógrafo

Algumas plantas, como a samambaia, não produzem flores nem sementes.

Fabio Colombini/Acervo do fotógrafo

Os pinheiros, como a araucária, produzem sementes que ficam guardadas dentro da pinha.

Raliand/Shutterstock/Glow Images

A goiabeira é um exemplo de planta que produz frutos de suas flores.

Os elementos das imagens não estão em proporção entre si.

- Destaque do **Material Complementar** o jogo da memória das plantas e conheça um pouco mais sobre a diversidade desses seres vivos.

NESTE CAPÍTULO, VOCÊ VIU QUE:

- As plantas apresentam características e necessidades que as diferenciam dos outros seres vivos.
- As plantas estão adaptadas aos ambientes em que vivem.
- A dispersão das sementes permite a ocupação de novos ambientes pelas plantas.
- As diferenças e semelhanças entre as plantas nos permitem classificá-las para conhecê-las melhor.

ATIVIDADES DO CAPÍTULO

1. Observe esta tirinha:

Essa tirinha faz parte do **Almanaque Nicolau: primeiras histórias**, de Lucas Lima. Araraquara: Junqueira & Marin, 207. p. 40.

- Você sabe o nome da planta que machuca o menino? A que tipo de ambiente ela está adaptada?

____

____

____

2. Escolha uma planta de sua casa ou prédio, procure saber quem a plantou e quem cuida dela e responda:

a) Qual o nome dessa planta? Classifique-a em rasteira, arbustiva ou arbórea.

____

b) Essa planta está com flores ou frutos? Como são?

____

c) Ela vive em ambiente aquático ou terrestre?

____

3. Observe as imagens e as relacione com as informações correspondentes, numerando-as.

Bmj/Shutterstock/Glow Images

Marcio Lourenço/Pulsar Imagens

Rudolf Schmidt/Shutterstock/Glow Images

Alan49/Shutterstock/Glow Images

Fabio Colombini/Acervo do fotógrafo

- [ ] Plantas adaptadas ao clima frio possuem folhas finas e cobertas de cera, o que lhes dá proteção contra o congelamento das folhas.
- [ ] Sementes leves são facilmente transportadas pelo vento.
- [ ] Plantas aquáticas têm adaptações especiais para se desenvolver na água.
- [ ] Flores com cores vistosas atraem animais que podem transportar o pólen.
- [ ] Há plantas que não produzem flores nem frutos.

4. Além de serem importantes para o ambiente, as plantas também proporcionam ao ser humano vários recursos, como os alimentos, a madeira e o algodão. Procure na sua casa cinco materiais ou produtos de origem vegetal e desenhe-os no caderno.

ENTENDER E PRATICAR CIÊNCIAS

CLASSIFICANDO PLANTAS

Agora você é o pesquisador!

MATERIAL

- caderno
- máquina fotográfica (opcional)
- lápis de diversas cores
- lápis preto comum
- borracha

Preparação

1. Observe as plantas ao redor da sua casa, da escola ou do bairro.
2. Escolha três plantas diferentes.
3. Desenhe ou fotografe as três plantas.
4. Observe a tabela na ilustração da página ao lado. Faça uma tabela semelhante para cada uma das plantas.

Ilustrações: Vicente Mendonça/Arquivo da editora

Pesquisa

Depois de anotar suas observações, utilize-as para fazer uma pesquisa sobre cada planta.

- Procure descobrir mais informações sobre as plantas pesquisando na internet ou em livros ou entrevistando adultos que entendam de plantas.
- Compare as informações da pesquisa com o que você anotou na atividade anterior. Registre os resultados da pesquisa no caderno.

Exposição dos resultados

- Com os colegas e o professor, escolha um dos tipos de classificação que estudou neste capítulo e organize as tabelas preenchidas conforme o critério escolhido.

CAPÍTULO

3 OS ANIMAIS

CARACTERÍSTICAS DOS ANIMAIS

Animais são seres vivos que, diferentemente das plantas, não produzem o próprio alimento. Como necessitam de alimento, os animais nutrem-se de outros seres vivos, como plantas e outros animais.

Os animais que se alimentam apenas de plantas são chamados **herbívoros**. Exemplos: capivara, arara, bicho-preguiça. Aqueles que comem outros animais são **carnívoros**. Exemplos: gavião-real, jiboia, onça-pintada. Já os que ingerem tanto plantas como outros animais são os **onívoros**. Exemplos: ser humano e a joaninha.

Luis Iria/Arquivo da editora

Representação de animais herbívoros, carnívoros e onívoros em uma floresta.

Como já vimos, cada espécie de ser vivo está adaptada a um tipo de ambiente, que pode ser aquático ou terrestre. Com os animais também é assim.

Os animais apresentam diferenças nas características físicas, nos hábitos alimentares e nos modos de locomoção.

Veja nas imagens algumas formas de locomoção dos animais.

Maxim Safronov/Shutterstock/Glow Images

O morcego pode voar.

Artur Keunecke/Pulsar Imagens

A ema é uma ave que não voa; para se locomover, pode andar ou correr.

Fabio Colombini/Acervo do fotógrafo

O gafanhoto é um inseto que pode saltar.

Stephem Frink Collection/Alamy

A baleia possui dois membros anteriores modificados em nadadeiras, que lhe permitem nadar.

Alguns animais não se locomovem. Você conhece algum exemplo?

Martin Harvey/Alamy

A cobra rasteja pelos ambientes.

Jolanta Wojcicka/Shutterstock/Glow Images

Os corais são animais marinhos que não se locomovem.

Os elementos das imagens não estão em proporção entre si.

coluna vertebral: conjunto de vértebras que apoia outras partes do esqueleto.

crânio: conjunto de ossos da cabeça.

CLASSIFICAÇÃO DOS ANIMAIS

Os animais podem ser classificados de diversas formas. Para facilitar o estudo deles, um modo bastante comum de agrupá-los é pela presença ou ausência de coluna vertebral e crânio.

Animais que possuem essas estruturas são chamados de **animais vertebrados**; os que não possuem são chamados de **animais invertebrados**.

ANIMAIS INVERTEBRADOS

Os animais invertebrados geralmente têm o corpo mole, mas muitos deles possuem esqueleto externo rígido, que protege os órgãos internos e evita a perda de água para o ambiente.

O grupo dos invertebrados é o mais numeroso e diversificado entre os animais.

Cigdem Sean Cooper/Shutterstock/Glow Images

A estrela-do-mar tem um esqueleto interno, mas que não forma uma coluna vertebral.

Wasan Ritthawon/Shutterstock/Glow Images

A água-viva tem o corpo mole e não possui esqueleto.

Fabio Colombini/Acervo do fotógrafo

O besouro tem um esqueleto externo.

João Prudente/Pulsar Imagens

Os caranguejos têm esqueleto externo.

Fabio Colombini/Acervo do fotógrafo

Os caracóis possuem corpo mole e concha rígida.

O maior grupo de invertebrados é o dos insetos. Existe uma grande variedade de insetos, com diferentes características, o que permite que estejam presentes nos mais diversos ambientes. Os insetos são os únicos invertebrados que possuem asas e são capazes de voar.

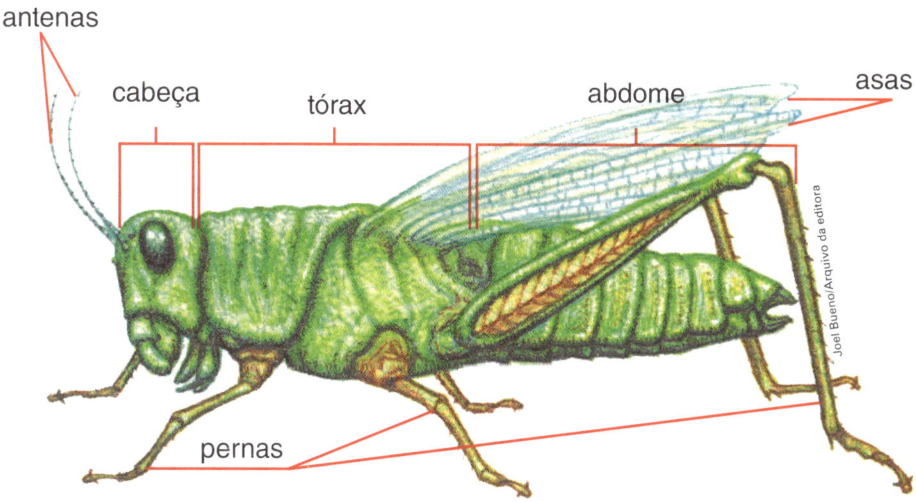

O corpo dos insetos é dividido em cabeça, tórax e abdome.

Alguns insetos assumem formas bem distintas durante a sua vida: as suas formas jovem e adulta são muito diferentes entre si. Isso ocorre porque eles passam por um processo chamado metamorfose.

metamorfose: mudança completa da forma do corpo.

METAMORFOSE DA MARIPOSA

Os elementos das imagens não estão em proporção entre si.

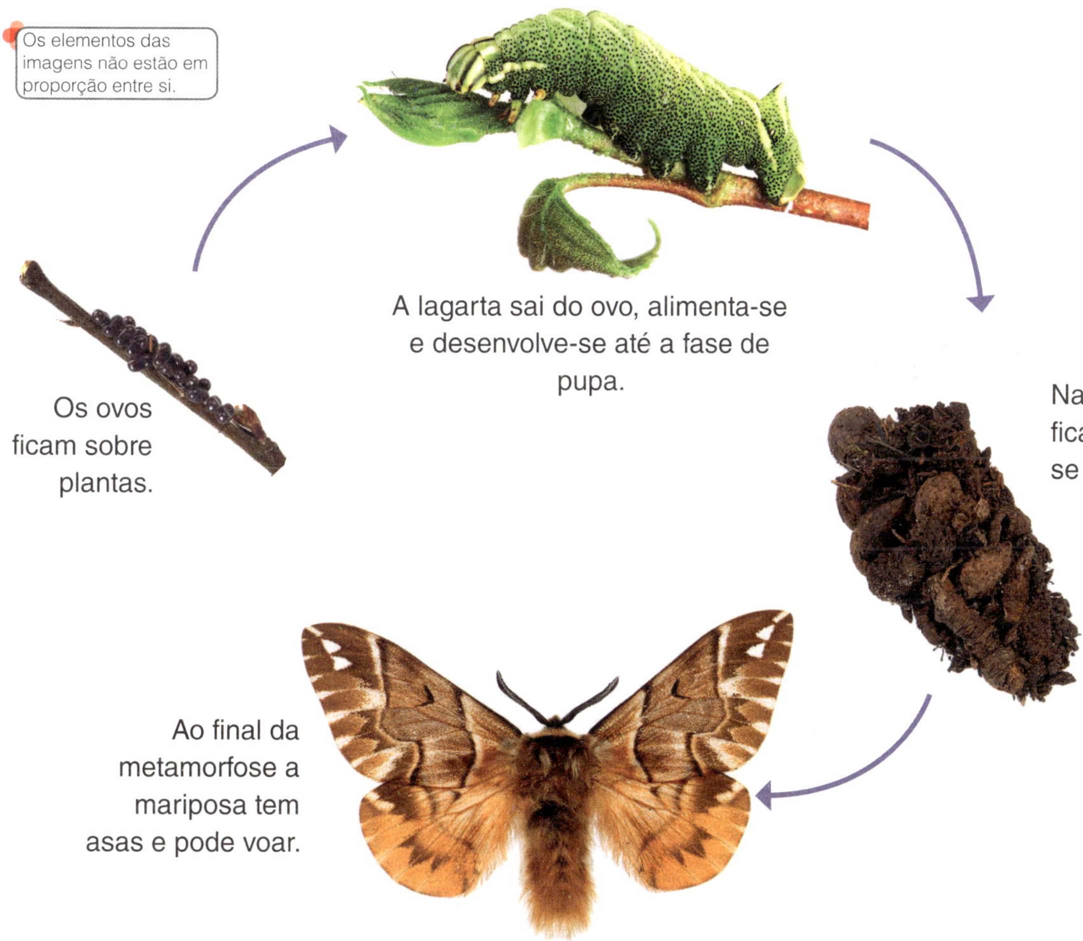

Os ovos ficam sobre plantas.

A lagarta sai do ovo, alimenta-se e desenvolve-se até a fase de pupa.

Na fase de pupa fica imóvel e não se alimenta.

Ao final da metamorfose a mariposa tem asas e pode voar.

Fotos: Shutterstock/Arquivo da editora

ANIMAIS VERTEBRADOS

Os animais vertebrados podem ser divididos em cinco grupos, de acordo com suas características comuns.

Peixes

Os peixes são animais que vivem e respiram na água. As nadadeiras e a pele coberta por escamas facilitam a natação.

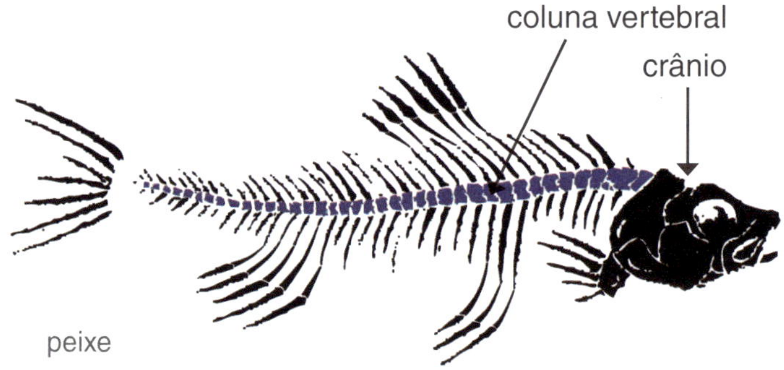

peixe

Anfíbios

Os anfíbios, durante seu ciclo de vida, passam por duas fases: quando jovens são animais aquáticos e, quando adultos, ocupam os ambientes terrestres. Eles têm a pele lisa e fina, que precisa estar sempre úmida.

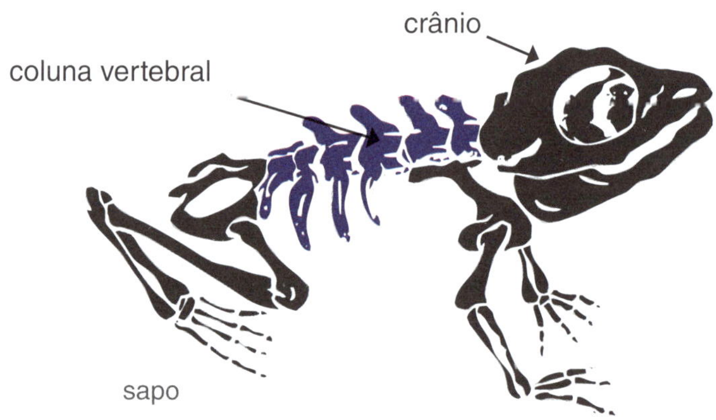

sapo

Ilustrações: Banco de imagens/Arquivo da editora

Répteis

Os répteis, diferentemente dos anfíbios, têm a pele grossa e seca. Eles põem ovos com casca dura. Essas características possibilitam que habitem ambientes secos.

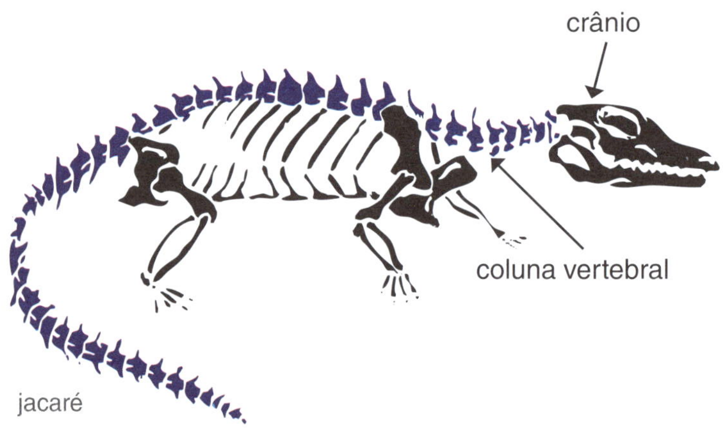

jacaré

Aves

As aves possuem asas, bico e penas cobrindo o corpo. A maioria das aves pode voar.

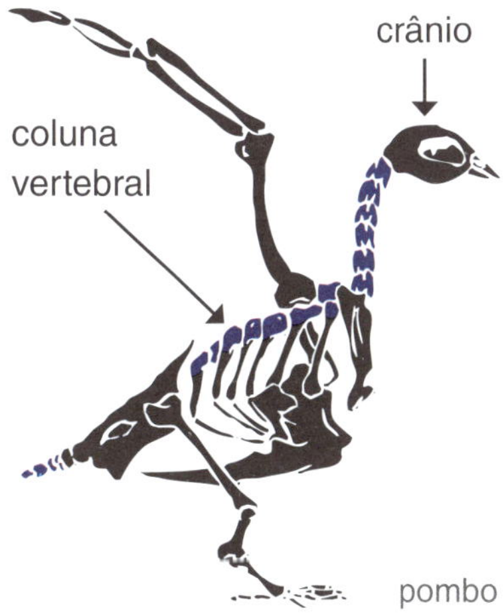

Mamíferos

Os mamíferos são animais cujas fêmeas produzem leite para a alimentação dos filhotes. Quando adultos, eles têm uma alimentação bastante variada. O corpo dos mamíferos é coberto por pelos.

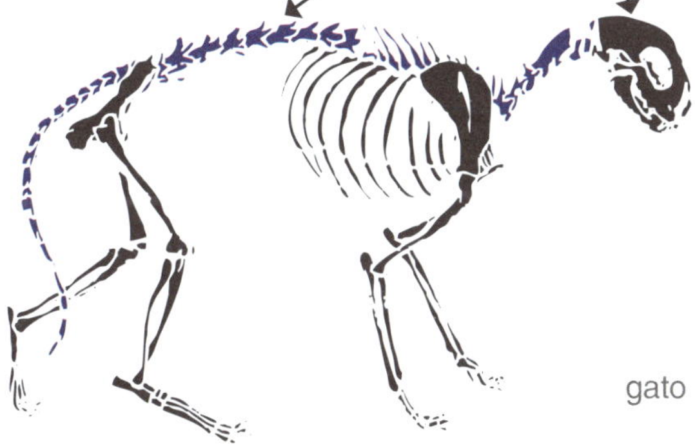

Ilustrações: Banco de imagens/Arquivo da editora

Temperatura do corpo

As aves e os mamíferos mantêm a temperatura do corpo constante. Essa característica permite que esses animais ocupem ambientes que têm temperaturas mais frias ou mais quentes.

Os outros animais precisam utilizar o calor do ambiente para se aquecer. No caso de ambientes com temperaturas elevadas, esses animais protegem-se do calor para manter seu organismo na temperatura ideal.

- Destaque do **Material Complementar** as fichas dos animais e agrupe-os de acordo com as características que você identificar.

Shutterstock/Arquivo da editora

A EXTINÇÃO DE ANIMAIS

Um ser vivo é considerado extinto quando não há dúvidas de que o último indivíduo da espécie morreu.

Ao longo da história de nosso planeta, diversas espécies de seres vivos desapareceram e muitas outras surgiram. Você já ouviu falar dos dinossauros, dos mamutes e das preguiças-gigantes? Esses animais existiram em diferentes momentos na história da Terra e foram extintos há muito tempo.

O ser humano é, atualmente, o grande causador de extinção de animais e de outros seres vivos. Há muitos animais extintos e ameaçados de extinção em todo o mundo. No Brasil, a lista de animais ameaçados de extinção é grande.

Algumas espécies foram caçadas até sua extinção. A destruição dos ambientes naturais prolongou a ação dos caçadores. Se o seu *habitat* desaparece, um animal não pode sobreviver. A extinção de uma espécie é definitiva.

O desmatamento

A redução ou degradação do *habitat* de uma espécie pode causar sua extinção. Foi assim que um grande número de espécies das matas tropicais brasileiras foi extinto. Mesmo que essas áreas fossem completamente reflorestadas, seria muito difícil recuperar sua diversidade. Muitas espécies foram extintas antes mesmo de serem descritas pelos pesquisadores.

Mauro Nakata/Arquivo da editora

Nas ilustrações a seguir, há alguns exemplos de animais extintos ou ameaçados de extinção.

O **panda-gigante** é ameaçado por causa da extinção das florestas de bambus, cujos brotos são seu único alimento.

Os elementos das imagens não estão em proporção entre si.

Nosso país tem uma das maiores variedades do mundo de aves da família chamada psitacídeos (papagaios, araras, maritacas, jandaias, etc.). A **arara-azul** (*Anodorhynchus hyacinthinus*) é o espécime com maior porte, chegando a medir 1 metro de comprimento e a pesar 1,5 quilo em média. A destruição do *habitat* em que se reproduz e o comércio ilegal estão colocando essa espécie em risco de extinção. Estima-se que ainda existam cerca de 5 mil araras-azuis no Pantanal.

tratong/Shutterstock

Ilustrações: Mauro Nakata/Arquivo da editora

O **elefante africano** escapou por pouco da extinção. Esses animais apresentam grandes presas de marfim, um material muito utilizado na fabricação de joias e de estatuetas. Desde 1990, o comércio de marfim é proibido em quase todos os países. Essa medida deveria teoricamente assegurar a proteção dos grupos restantes.

Adaptado de: *MŽganature*. Paris: Nathan, 1991. p. 150-151.

NESTE CAPÍTULO, VOCÊ VIU QUE:

- Os animais apresentam características e necessidades que os diferenciam dos outros seres vivos.
- Os animais estão adaptados ao seu *habitat*.
- As diferenças e semelhanças entre os animais nos permitem classificá-los para melhor estudá-los.

LEITURA DE IMAGEM

FLORA E FAUNA BRASILEIRAS

Algumas plantas e alguns animais são reconhecidos pelas pessoas como símbolos de certos países. Que plantas e animais você escolheria para representar nosso país?

Veja a seguir a reprodução de uma obra do artista Candido Portinari em que podemos ver como ele representou o Brasil.

OBSERVE

Flora e fauna brasileiras (1934), de Candido Portinari. Óleo sobre madeira, 80 cm × 160 cm.

ANALISE

1. Você consegue identificar plantas e animais na pintura de Portinari? Preencha o quadro a seguir com essas informações.

Animais	Plantas	Vegetação

2. Ao fundo da tela, a paisagem é menos colorida. Que elementos compõem essa paisagem?

____

____

____

RELACIONE

3. O título desta obra é *Flora e fauna brasileiras*, ou seja, ela representa plantas e animais que compõem as paisagens de nosso país. Você faria as mesmas escolhas do artista? Em sua opinião, essa é uma paisagem que representa a diversidade de plantas e animais que compõem nossas paisagens?

____

____

____

____

ATIVIDADES DO CAPÍTULO

1. Complete as legendas com o ambiente em que o animal vive (terrestre ou aquático) e com seu hábito alimentar (herbívoro, carnívoro ou onívoro).

Luiscar74/Shutterstock/Glow Images

O ser humano é um animal

_______________ e

_______________.

Reinhard Dirscherl/Getty Images

O tubarão-branco é um animal

_______________ e

_______________.

Douglas Faulkner/Getty Images

O peixe-boi é um animal

_______________ e

_______________.

2. A palavra **anfíbio** significa 'dois tipos de vida'. Qual é a característica dos animais desse grupo que justifica serem chamados assim?

____

____

3. Leia a história que aparece na tirinha.

WATTERSON, Bill. O melhor de Calvin. *O Estado de S. Paulo*. São Paulo, 8 set. 1999.

a) Você concorda com a classificação de Calvin? A que grupo de animais vertebrados os morcegos pertencem?

____

b) Que característica física dos morcegos pode ter feito Calvin considerá-los insetos? Quais outros animais, além dos insetos, voam?

____

4. Numere a segunda coluna relacionando as características de cada um dos grupos de animais que você estudou.

Fotos: [1] Natalia Melnychuk/Shutterstock/Glow Images; [2] [3] Fabio Colombini/Acervo do fotógrafo; [4] Gerson Gerloff/Pulsar Imagens; [5] Hung Chung Chih/Shutterstock/Glow Images.

( ) Têm a pele grossa e seca e põem ovos com casca dura.

( ) Possuem o corpo coberto por penas.

( ) Vivem somente em ambientes aquáticos, respiram embaixo da água.

( ) Produzem leite para alimentar seus filhotes.

( ) Têm a pele lisa e úmida, vivem próximos a ambientes aquáticos.

ENTENDER E PRATICAR CIÊNCIAS

PASSEIO PELO PARQUE

MATERIAL

- 1 dado
- marcadores de posição
- tabuleiro

Modo de jogar

- Com seus colegas, forme uma dupla ou um grupo de até quatro pessoas.
- Tirem no dado a ordem de jogada.
- Cada jogador lança um dos dados e avança as casas, devendo ler a informação e seguir o regulamento da casa onde cair.
- Vence o jogo quem chegar primeiro ao final da trilha.

Ilustrações: Vicente Mendonça/Arquivo da editora

- Destaque do **Material Complementar** o dado, os marcadores de posição e o tabuleiro. Bom jogo!

LER E ENTENDER

Você é uma pessoa curiosa? Sabe, por exemplo, como vivem as abelhas? Como produzem mel?

O texto que conhecerá a seguir apresenta respostas para essas perguntas. Antes de ler as palavras escritas, faça uma leitura das imagens como um todo.

ABELHA

Quando o assunto é abelha, vale saber que se trata de um grande grupo de insetos – desde a grande mamangaba até as pequenas abelhas produtoras de mel, como a jataí.

Além de três pares de pernas, antenas e dois pares de asas, esse inseto tem um extra refinado: cinco olhos, dois compostos, que permitem enxergar as cores das flores.

Uma abelha chega a visitar em média 40 mil flores em um dia em busca de néctar e pólen. Algumas, como a da foto ao lado, têm nas pernas traseiras uma estrutura para carregar o pólen, chamada de corbícula.

Os insetos são muito importantes para os homens. Você sabia que quase metade da alimentação humana depende da polinização feita por insetos?

Onde vivo
em todas as regiões, exceto em alguns locais do deserto do Saara.

Habitat
florestas, plantações e campos, onde existem muitas flores.

Tamanho
em média 1 centímetro de comprimento.

O que como
néctar e pólen.

As abelhas são insetos que vivem em grupos organizados. Nas colmeias onde moram, existe somente uma rainha, que é a única capaz de se reproduzir. Também vivem lá as abelhas operárias, que coletam alimento, cuidam dos ovos e das larvas e protegem a colmeia, e os zangões, machos que só têm a missão de acasalar com a rainha.

Para surgirem rainhas novas, as operárias preparam um alimento especial chamado geleia real e dão a algumas larvas.

Você sabe como é feito o mel? Ao coletar o néctar a operária retorna à colmeia. Usando substâncias especiais que produz no corpo, ela transforma o açúcar do néctar em mel. Então, bate as asas rapidamente para eliminar água e secar o mel, fazendo com que ele fique bem grosso.

Adaptado de: VENTUROLI, Otavio. *Livro de insetos e outros artrópodes*. São Paulo: Abril, 2011. p. 146 e 149. (Recreio)

ANALISE

1. O texto apresentou informações que você desconhecia sobre as abelhas? Se sim, quais?

2. Qual a função da abelha rainha na colmeia?

3. Esse texto tem também quadrinhos com um resumo das principais informações sobre as abelhas. Quais são essas informações?

4. Qual a função das fotos que aparecem no texto?

5. Preencha a tabela a seguir com informações sobre o texto.

Onde o texto foi publicado? O que foi preciso observar para responder a essa questão?	
Para quem provavelmente o texto foi escrito? O que comprova essa questão?	

RELACIONE

6. Por que é correto afirmar que as abelhas têm uma característica que se assemelha ao homem?

7. De acordo com o que estudou nesta Unidade, como as abelhas podem ser classificadas?

O QUE APRENDI?

1. Observe novamente a imagem de abertura desta Unidade e compare-a com a imagem a seguir.

Andréia Vieira/Arquivo da editora

a) Que características do ambiente são mostradas na imagem?

b) Quais são as semelhanças e as diferenças entre esse ambiente e o mostrado na abertura da Unidade? Responda no caderno.

2. Indique o nome de dois animais mostrados na imagem acima. Cite algumas das características e a classificação desses animais.

Nome do animal	Classificação	Características

3. Complete as lacunas do texto abaixo com as palavras do quadro.

ambiente	plantas	animais	*habitat*
adaptação	características	classificação	

Cada ambiente apresenta ______________________ diferentes, de acordo com os elementos que não têm vida e os seres vivos que o compõem.

Os seres vivos, como os ____________________ e as ____________________,

têm diferentes tipos de ____________________ aos ambientes em que ocorrem naturalmente.

O ambiente onde vive determinado ser vivo é chamado ____________________.

É bastante comum agruparmos os elementos do ____________________ para estudá-los e conhecê-los melhor. Ao reconhecermos as semelhanças

e diferenças entre eles, temos um modo de ____________________.

4. Este é o momento de pensar no que você aprendeu nesta Unidade. Indique com um **X** na tabela.

Conteúdos estudados	Compreendi este conteúdo	Fiquei com algumas dúvidas e preciso retomar	Não compreendi e preciso retomar
Capítulo 1 Adaptações dos seres vivos ao ambiente			
Capítulo 2 Características das plantas			
Capítulo 3 Características dos animais			

Converse com os colegas e o professor para entender melhor o seu aproveitamento e, assim, iniciar o estudo da próxima Unidade.

UNIDADE 2

SER HUMANO E SAÚDE

Giz de cera/Arquivo da editora

- Você pratica alguma atividade física? Quantas vezes por semana?
- Você sabe qual é a relação entre ossos e músculos e quais são os movimentos produzidos pelo nosso corpo?
- Quais são as vantagens para a saúde em praticar atividade física?

CAPÍTULO

4 O CORPO EM MOVIMENTO

O ESQUELETO

Observe a imagem.

Jiang Dao Hua/Shutterstock

Criança praticando ginástica artística.

- O que a criança está fazendo?

- E você, gosta de movimentar seu corpo? Que estruturas você imagina que são responsáveis pela movimentação do seu corpo?

- Apalpe sua cabeça, seus braços e seu tórax. Sentiu algo rígido? O que você acha que é?

Os ossos são órgãos vivos, duros e esbranquiçados do nosso corpo. O conjunto de ossos do corpo humano forma o **esqueleto**.

As principais funções do esqueleto humano são:

- sustentação do corpo;
- proteção de órgãos internos;
- movimentação;
- produção de sangue.

órgãos: partes do corpo que desempenham função específica.

Veja abaixo um esquema do esqueleto do corpo de uma criança, com o nome de alguns ossos.

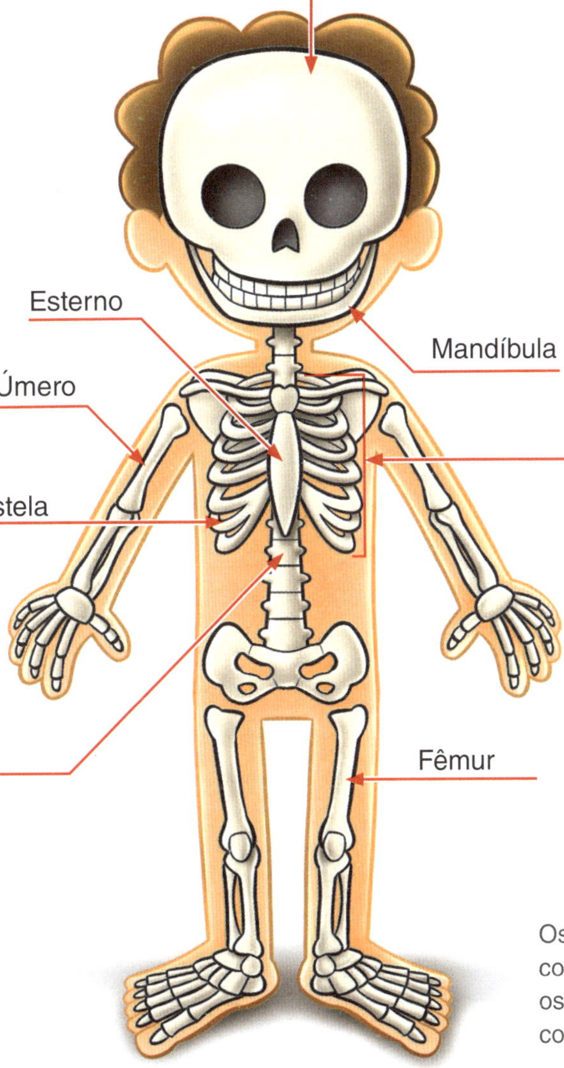

Renato Ventura/Arquivo da editora

Os elementos da imagem não estão em proporção entre si.

Os ossos podem ser planos, como os do crânio; curtos, como os da coluna vertebral; ou longos, como os das pernas e dos braços.

A região de junção entre dois ou mais ossos é chamada de **articulação**.

Algumas articulações não permitem movimento. Em outras, acontecem movimentos que podem ser limitados ou bem amplos.

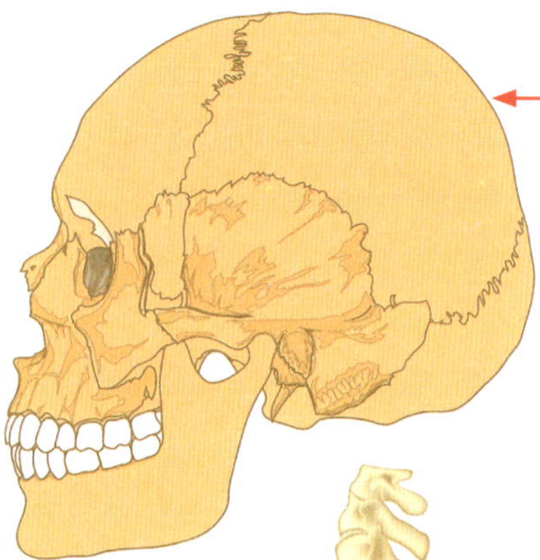

Os ossos do crânio são unidos por articulações fixas, que não permitem movimentos.

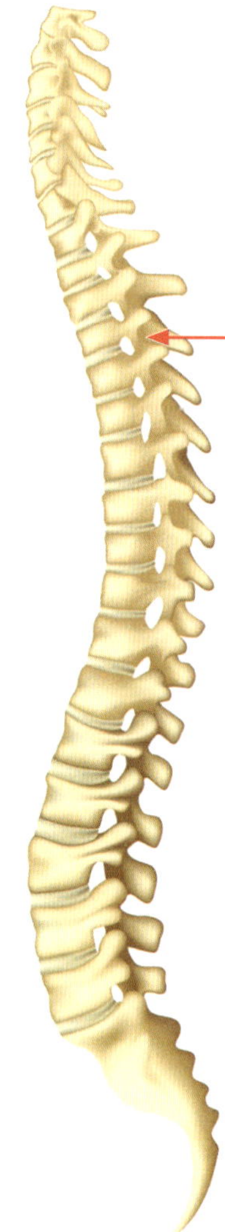

Na coluna vertebral, os ossos são unidos por articulações que permitem pequenos movimentos.

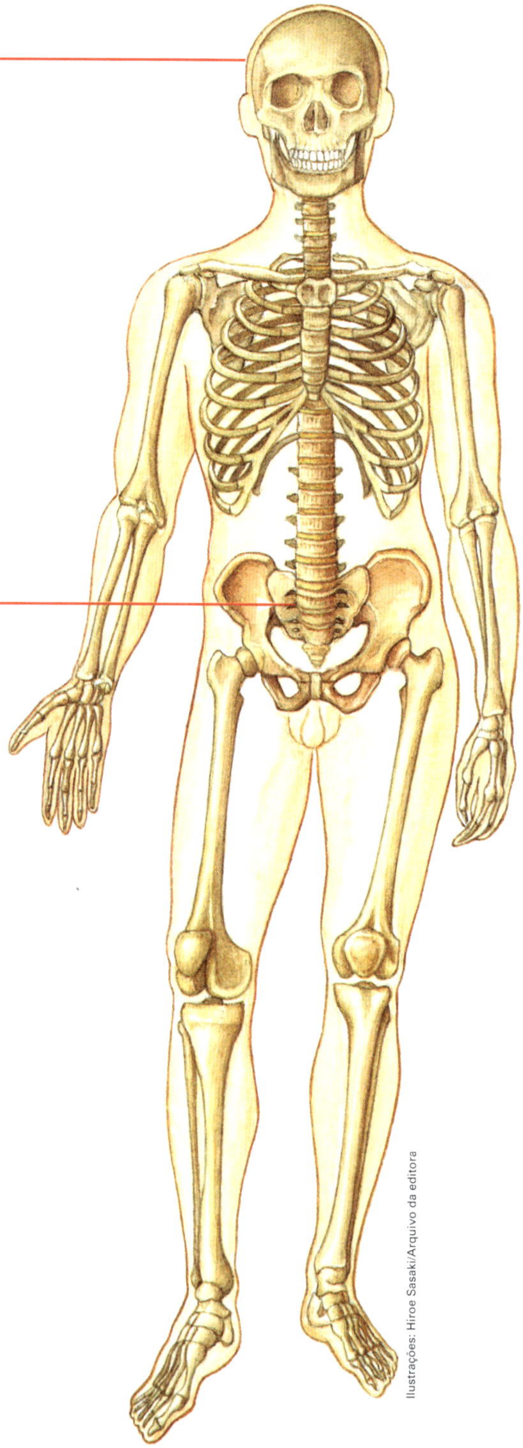

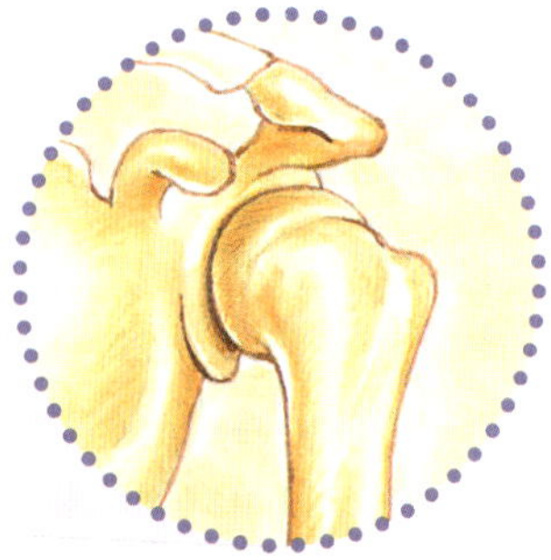

Algumas articulações permitem movimentos em várias direções. É o que acontece nos ombros, nos cotovelos e entre o quadril e as pernas.

Ilustrações: Hiroe Sasaki/Arquivo da editora

- Toque uma articulação do seu corpo e perceba o movimento que ela permite entre os ossos.

- Agora, toque seu nariz e suas orelhas. São regiões rígidas? Compare com a rigidez dos ossos que você tocou anteriormente e escreva abaixo o que você descobriu.

____

____

____

Além dos ossos, o esqueleto possui regiões mais flexíveis, chamadas **cartilagens**.

As cartilagens dão forma a algumas partes do corpo, como o nariz e as orelhas. Elas também revestem as articulações, evitando desgastes dos ossos e facilitando a movimentação do corpo.

O nariz é formado de cartilagem.

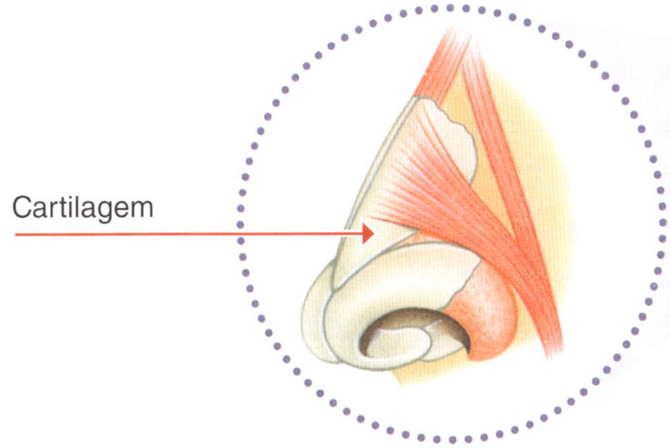

Região de contato entre os ossos do joelho.

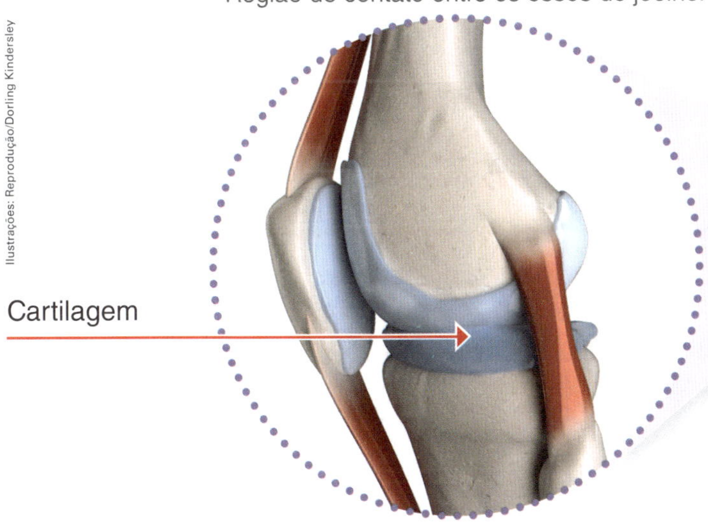

Ilustrações: Reprodução/Dorling Kindersley

Sergey Novikov/Shutterstock

OS MÚSCULOS

Os músculos são órgãos que se contraem e relaxam, produzindo os movimentos do corpo.

Em nosso corpo há dois tipos de músculo:

- **músculos voluntários**: realizam movimentos que dependem da nossa vontade, como os que participam da movimentação do esqueleto;
- **músculos involuntários**: realizam movimentos independentemente da nossa vontade, como o coração, por exemplo.

Os músculos se ligam aos ossos ou a outros órgãos por meio dos **tendões**. Quando o músculo se contrai, o osso que está preso a ele se move.

- Realize o seguinte procedimento e observe o que acontece com alguns músculos do seu braço.

Ilustrações: Renato Ventura/Arquivo da editora

a) Com uma de suas mãos, levante sua mochila. A palma dessa mão deve estar voltada para cima. Ao fazer esse movimento, apalpe com a outra mão o músculo que fica na frente do braço que está levantando a mochila.

b) Repita o movimento, mas agora apalpe o músculo que fica atrás do braço que está levantando a mochila.

c) Qual dos músculos ficou mais firme quando você levantou a mochila: o que fica na frente ou o que fica atrás do braço?

Para conseguir levantar a mochila, os músculos do braço trabalham em conjunto: enquanto os músculos da parte da frente são contraídos, os músculos da parte de trás ficam relaxados.

Veja ao lado o que aconteceu dentro do seu braço quando você levantou a mochila.

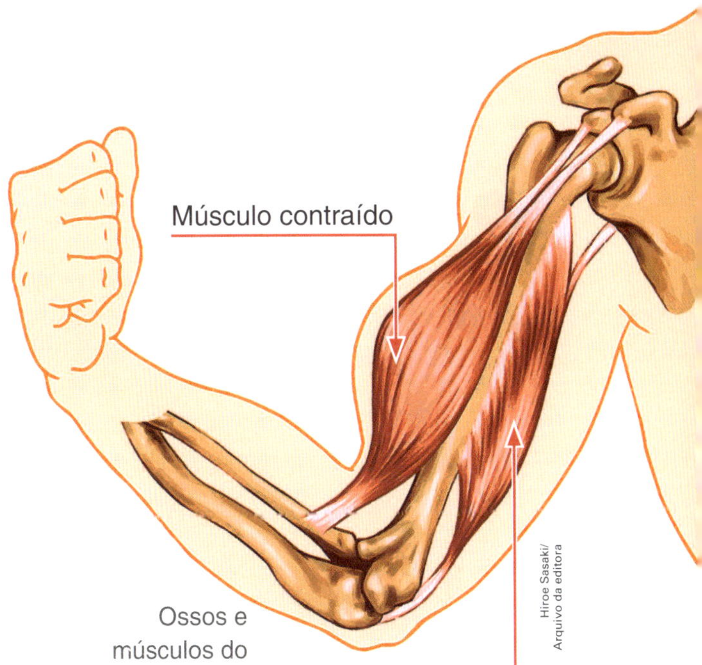

Ossos e músculos do braço

Os elementos da imagem não estão em proporção entre si.

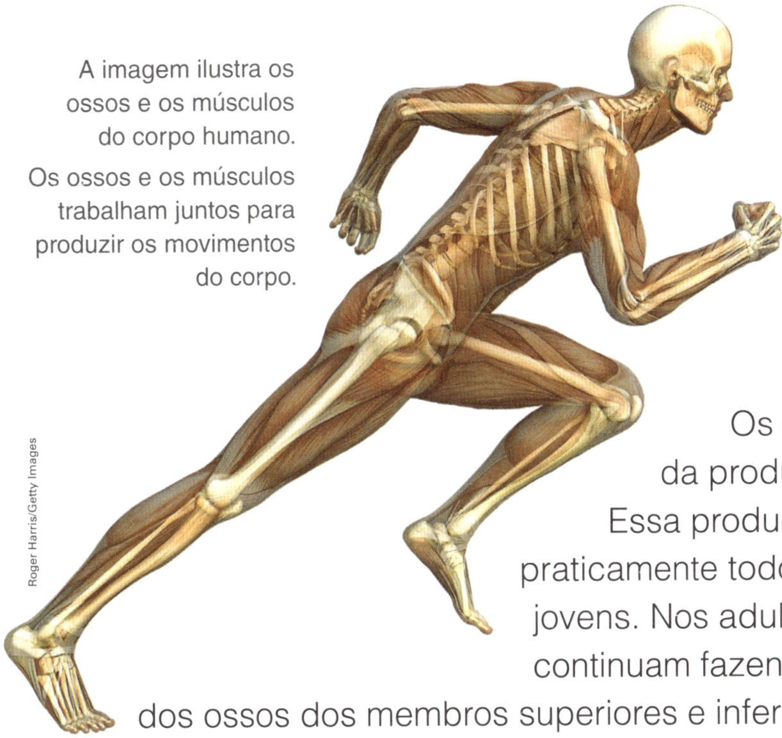

A imagem ilustra os ossos e os músculos do corpo humano. Os ossos e os músculos trabalham juntos para produzir os movimentos do corpo.

Os ossos também participam da produção de sangue. Essa produção ocorre no interior de praticamente todos os ossos quando somos jovens. Nos adultos, apenas alguns ossos continuam fazendo isso: as extremidades dos ossos dos membros superiores e inferiores, os ossos do crânio, o esterno, as costelas e o corpo das vértebras.

NESTE CAPÍTULO, VOCÊ VIU QUE:

- O esqueleto é formado pelo conjunto de ossos do corpo.
- As funções do esqueleto são: sustentação, proteção, movimentação e produção de sangue.
- As articulações são regiões em que os ossos se juntam. Elas podem ser fixas ou permitir movimentos.
- Para ocorrer movimento, os músculos ligados aos ossos se contraem e relaxam.

ATIVIDADES DO CAPÍTULO

1. Lucas saiu da aula de Ciências comentando com um colega:

Renato Ventura/Arquivo da editora

a) Você concorda com o que Lucas disse? Explique sua resposta.

b) Quais são as funções do esqueleto humano?

2. O cálcio é um nutriente muito importante para a formação e a saúde dos ossos. Por meio de alimentos como o leite e seus derivados, o espinafre e o feijão, obtemos a quantidade de cálcio necessária para nosso organismo. O que você acha que pode acontecer com os ossos de uma pessoa que não ingere quantidades suficientes de cálcio?

3. Leia o texto abaixo.

O acrobata

O acrobata desenha com o corpo
uma pirueta no céu
pula e vira
salta e rola
dança e gira
solto no ar
como se fosse um balão.

Esse texto faz parte do livro *O circo*, de Roseana Murray. São Paulo: Ibep/Nacional, 2005.

Simone Ziasch/Arquivo da editora

a) Sublinhe no poema as palavras que indicam movimentos corporais do acrobata.

b) Que estruturas do corpo trabalham juntas para produzir os movimentos?

____

4. Relacione as colunas.

1. Ossos	☐ Revestem as regiões de contato entre dois ossos e compõem outras estruturas do corpo, como orelhas e nariz.
2. Cartilagens	☐ Estruturas rígidas que formam o esqueleto.
3. Articulações	☐ Órgãos que se contraem e relaxam, permitindo os movimentos do corpo.
4. Músculos	☐ Locais onde os ossos se juntam.

ENTENDER E PRATICAR CIÊNCIAS

COLUNA VERTEBRAL

Montagem

MATERIAL

- 4 rolinhos de papel higiênico sem papel
- 22 discos de papelão com diâmetro um pouco maior que o dos rolinhos de papel higiênico (usar uma caixa de papelão pequena)
- 2 metros de barbante, aproximadamente
- 2 clipes
- tesoura sem pontas

1. Recorte cada rolinho de papel higiênico em cinco partes, como mostrado na imagem.

2. Peça a um adulto que, com a ponta de um lápis ou caneta, faça um furo no centro de cada um dos discos de papelão.

Ilustrações: Vicente Mendonça/Arquivo da editora

3. Passe o barbante nos discos e nos rolinhos de papel higiênico, intercalando (um disco, um rolinho, um disco, um rolinho). Comece e termine a sequência com um disco. Para facilitar, prenda um clipe ou amarre uma das pontas do barbante. Quando terminar a sequência, faça o mesmo na outra ponta do barbante.

Observação

4. No modelo de coluna vertebral que você construiu, o que representam:

   a) os rolinhos de papel higiênico?

   ____

   b) os discos de papelão?

   ____

5. Imagine que no lugar do barbante fosse usada uma longa haste de madeira. Com essa alteração, o modelo ficaria mais parecido ou menos parecido com a coluna vertebral? Por quê?

____

____

CAPÍTULO 5

PROTEÇÃO E DEFESA DO CORPO

PELE

Leia a letra de canção abaixo.

Simone Ziasch/Arquivo da editora

Pele

Pele cobre tudo
Pele de veludo
Pele é a roupa natural
(e a mais legal)
A pele nela revela quem você é
Da ponta da cabeça
Até a pele da ponta do pé

Pele de bebê
Pede pra beijar você
Cada pele tem na pele uma história
Pele de anjinho
Pede pra fazer carinho
Pele tem de toda cor

Trecho da canção "Pele". *Simples* (CD).
Jair Oliveira, 2007.

- A letra da canção fala sobre que órgão do corpo humano?

____

- Você sabe quais são as funções desse órgão?

____

____

____

A pele é o órgão que reveste o corpo humano, protegendo-o e permitindo sua relação com o ambiente. Através da pele ocorre a absorção e a eliminação de substâncias do organismo, como o suor.

A pele também nos possibilita perceber sensações — como frio, calor e dor —, coceira e a textura das coisas que tocamos.

Quando fazemos um corte em nossa pele ou nos queimamos, sentimos dor. Essa sensação desagradável é muito importante, pois ela nos mostra que alguma ameaça está afetando o nosso corpo e que precisamos tomar providências, como nos afastar.

Jorg Hackemann/Shutterstock

O suor é produzido na pele e é formado principalmente por água e sais minerais.

Monkey Business Images/Shutterstock

Por meio da pele podemos sentir o gostoso toque de um abraço.

Imagine, por exemplo, o que acontece com alguém que encosta a mão em um ferro quente de passar roupa. Se a pessoa não tivesse a sensação de dor, não tiraria a mão de lá rapidamente e continuaria sendo queimada.

Portanto, embora desagradável e incômoda, a sensação de dor serve de alerta para interrompermos uma situação de perigo.

2xSamara.com/Shutterstock/Glow Images

A BARREIRA NATURAL DO CORPO

A primeira barreira de proteção do organismo é a pele.

Na pele são produzidas algumas substâncias, e uma delas é oleosa. Essa substância evita que a pele, os pelos e os cabelos percam água e fiquem ressecados. Além disso, nos protege contra a entrada de microrganismos pela pele.

No entanto, essa barreira protetora pode ser quebrada: um pequeno corte ou arranhão pode permitir a entrada de microrganismos que provocam doenças.

Por isso, os ferimentos merecem atenção. A primeira coisa a fazer é pedir a ajuda de um adulto para limpar bem o local. Depois, se for um pequeno machucado e logo parar de sangrar, basta fazer um curativo. Caso contrário, pode ser necessário procurar um médico.

O que são microrganismos?

Microrganismos são organismos muito pequenos, como bactérias e alguns fungos, que só podem ser vistos com a ajuda de um microscópio, instrumento capaz de gerar uma imagem ampliada.

Estamos em contato com vários microrganismos diariamente. Eles estão no ambiente que nos rodeia e também em nosso corpo. Alguns microrganismos são benéficos para o nosso corpo, como algumas bactérias que ajudam na digestão. Outros podem nos causar doenças.

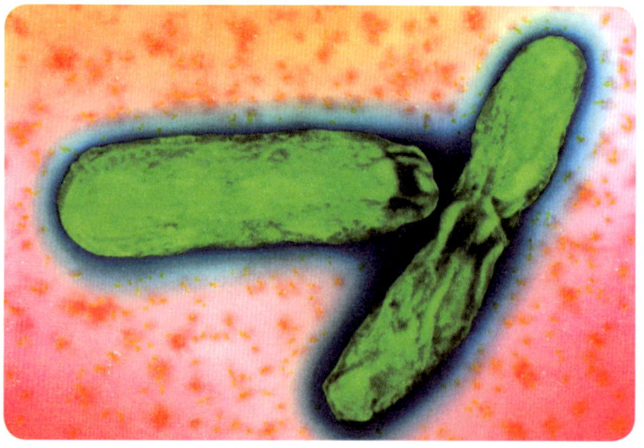

Barry Dowsett Camr/SPL/Latinstock

Invisível a olho nu, a bactéria pode ser visualizada quando sua imagem é ampliada pelo microscópio.

A pele precisa de cuidados e proteção para que realize adequadamente sua função de defesa do corpo.

Como vimos, os ferimentos podem romper a barreira protetora da pele e colocar nossa saúde em risco. Os raios solares também podem provocar danos à pele, como, por exemplo, queimaduras e doenças.

Blend Images/Getty Images

O uso de protetor solar, óculos escuros e chapéu ajuda a proteger a pele dos raios solares.

Você já percebeu que quando nos expomos ao sol ficamos bronzeados?

Isso acontece porque os raios solares provocam o aumento da quantidade de uma substância que é fabricada na pele, a **melanina**.

É a melanina que dá cor à pele e a protege dos raios solares. Cada pessoa produz naturalmente uma quantidade dessa substância. Quanto mais melanina uma pessoa tem, mais escura é a pele dela e maior é sua proteção natural contra os raios solares.

Mas, independentemente da cor da pele, o uso de protetor solar é fundamental para protegê-la sempre que realizamos uma atividade ao ar livre.

Studio 1One/Shutterstock; luminaimages/Shutterstock; Judy Kennamer/Shutterstock; Ronnachai Palas/Shutterstock; Cassandra Cury/Pulsar Imagens

Algumas tonalidades da pele humana

PELOS E UNHAS

Os pelos são formados na pele e recobrem todo ou parte do corpo dos **mamíferos**. Como fazemos parte desse grupo de animais, também temos pelos sobre o corpo.

Os pelos ajudam a proteger a pele dos raios solares e mantêm a temperatura do corpo constante.

plampy/Shutterstock

Os pelos do carneiro o mantêm aquecido mesmo em lugares onde a temperatura é muito baixa.

Diariamente, alguns pelos, incluindo fios de cabelo, caem e novos pelos começam a nascer.

Como a pele, a cor do pelo é determinada pela quantidade de melanina. À medida que envelhecemos, a quantidade de melanina diminui, ocasionando o branqueamento dos pelos.

Samuel Borges Photography/Shutterstock

O cabelo é um pelo que cresce no couro cabeludo.

aastock/Shutterstock

Com o passar dos anos, as pessoas ficam com os cabelos brancos.

As unhas são placas duras e resistentes localizadas na ponta dos dedos. Elas são produzidas em sua base e ficam aderidas à pele até sua extremidade.

De modo a evitar o acúmulo de sujeira, as unhas devem ser aparadas. Já a cutícula, pele que contorna as unhas, não deve ser retirada, pois isso deixa a unha desprotegida, facilitando a entrada de fungos e bactérias.

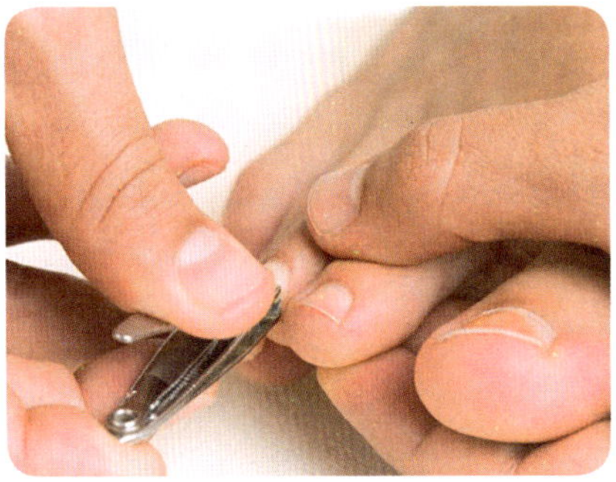

Image Source/Getty Images

As unhas crescem de maneira contínua, por isso devem ser aparadas com frequência.

Micose

Micoses são infecções causadas por seres vivos chamados fungos. Elas podem ocorrer na pele, nas unhas e nos cabelos.

Os fungos causadores de micoses se desenvolvem em ambientes úmidos e quentes. Por isso, é mais comum que a incidência de micoses aumente no verão, quando a temperatura é mais alta e suamos mais.

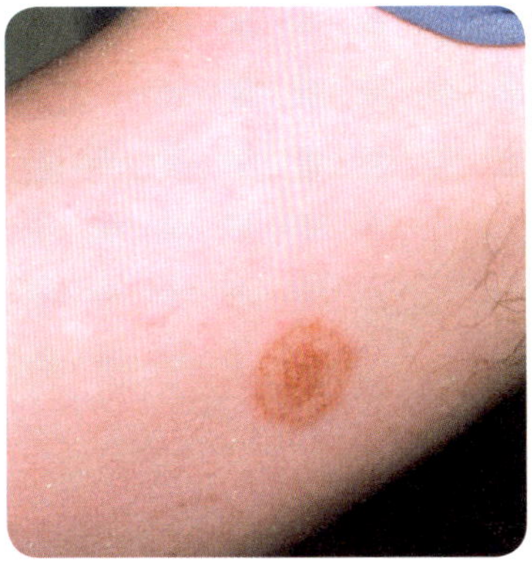

SPL/Latinstock

Mancha de micose no braço

Para evitar a micose, é preciso secar sempre muito bem o corpo após o banho, principalmente as dobras, como as virilhas e entre os dedos dos pés. Também não se deve andar descalço em lugares que sempre estão úmidos, como os vestiários.

NESTE CAPÍTULO, VOCÊ VIU QUE:

- A pele é o órgão que reveste e protege o corpo humano.
- Por meio da pele o corpo experimenta sensações que podem servir de alerta para fugirmos de situações perigosas.
- A exposição direta ao sol pode causar doenças e queimaduras, por isso é preciso tomar medidas preventivas, como usar protetor solar.
- Pelos e unhas são estruturas relacionadas à pele e que têm também função de proteção.

ATIVIDADES DO CAPÍTULO

1. Observe as cenas abaixo.

Ilustrações: Renato Ventura/Arquivo da editora

a) Você sabe dizer qual função da pele está sendo representada nas imagens? Discuta com os colegas e veja o que eles pensam sobre isso.

b) Quais são as outras funções da pele?

2. Independentemente da cor da pele, é preciso protegê-la contra os raios do Sol. Imagine que um amigo seu vá passar um dia na praia. Que dicas você daria para que ele não prejudique a pele?

3. Explique a importância da substância oleosa produzida pelas glândulas da pele.

4. Observe as imagens.

Ilustrações: Simone Ziasch/Arquivo da editora

a) A criança pegou a xícara de chocolate quente, mas soltou-a rapidamente. Por que ela fez isso? Explique.

b) Por que é importante conseguirmos sentir se a temperatura está alta quando tocamos em algo?

SENSAÇÕES DIFERENTES

Montagem

MATERIAL

- 4 pratos
- algodão
- colher de metal
- açúcar
- grãos de feijão
- creme hidratante
- guardanapos de papel

Ilustrações: Vicente Mendonça/Arquivo da editora

1. Coloque um pouco de creme hidratante no prato.

2. Passe o cotovelo no creme hidratante e fique atento ao que sente.

3. Passe a ponta dos dedos no creme hidratante e fique atento ao que sente.

4. Repita o procedimento com os outros materiais indicados.

LEVANTANDO HIPÓTESES

- Você acha que o cotovelo e os dedos sentem os objetos da mesma maneira?

Observação

5. Com qual dos materiais você notou uma diferença maior entre o que sentiu com o cotovelo e o que sentiu com a ponta dos dedos?

____

6. Você teve uma percepção mais apurada com o cotovelo ou com a ponta dos dedos? Por quê?

____

____

CAPÍTULO

6 A SAÚDE DO CORPO

ATIVIDADE FÍSICA

Praticar atividades físicas ajuda a desenvolver o corpo e a manter a saúde, além de, em muitos casos, nos proporcionar diversão.

Observe a imagem.

YanLev/Shutterstock

- A prática de algumas atividades exige um cuidado especial em relação à segurança. Quais itens de segurança a esqueitista está usando?

____

____

- Que outro importante item de segurança a esqueitista não está usando? Ela está protegida contra que tipo de situação?

____

____

____

- Cite outras atividades físicas em que seja necessário usar equipamento de segurança.

____

____

____

____

As atividades físicas melhoram o desenvolvimento pessoal e social do indivíduo, aumentam a capacidade de aprender como competir e cooperar com outras pessoas, proporcionam bem-estar e divertimento.

Rawpixel.com/Shutterstock

Crianças jogando futebol.

E brincar? Também é uma atividade física?

Dependendo da brincadeira, sim. Quando brincamos de pega-pega, corre cutia e esconde-esconde, estamos praticando atividades físicas e, ao mesmo tempo, nos divertindo com nossos amigos.

- **Você brinca com os seus colegas de classe? Cite três brincadeiras que envolvam correr e pular.**

____

____

- **Qual delas é a sua preferida? Por quê?**

____

____

Para brincar com segurança, precisamos verificar se o ambiente escolhido e os equipamentos são adequados. Por exemplo, para empinar pipa é preciso estar num local aberto longe de fios elétricos. Para brincar na piscina, é preciso saber nadar ou usar boias e ter a supervisão de um adulto.

CUIDADOS COM A SAÚDE

Nos capítulos anteriores, vimos que nosso corpo naturalmente apresenta estruturas que o protegem, como os ossos e a pele.

Mesmo assim, algumas situações podem nos causar danos físicos e prejudicar nossa saúde.

Observe a imagem.

Simone Ziasch/Arquivo da editora

- A imagem mostra alguma situação perigosa?

____

____

- Você já passou por uma situação que colocou sua saúde em risco? Ela poderia ter sido evitada? Como? Comente com os colegas.

A **prevenção** é a melhor forma de evitar acidentes e manter o bom funcionamento do corpo. Precisamos identificar as situações que põem nossa saúde em risco; assim, podemos evitá-las.

Nossos hábitos diários afetam a saúde do nosso corpo. Devemos, por exemplo, prestar atenção à postura, principalmente quando ficamos muito tempo na mesma posição ou quando carregamos peso.

- **Observe as imagens abaixo e circule as que ilustram posturas que ajudam a manter o corpo saudável.**

Ilustrações: Simone Ziasch/Arquivo da editora

Carregar a mochila merece atenção especial. Analise se tudo que está na sua mochila é realmente necessário. Quando você carrega muito peso, prejudica a coluna. Para carregar a mochila, você deve colocá-la nos dois ombros e ajustar as alças; assim, o peso ficará dividido por igual, sem sobrecarregar um dos lados do corpo.

É importante para a saúde sentar-se com as costas eretas e apoiadas no encosto da cadeira.

Hábitos saudáveis e de higiene ajudam a prevenir doenças. Alguns exemplos de atitudes simples são: lavar as mãos e os alimentos, tomar banho diariamente, escovar os dentes após as refeições e ter uma alimentação saudável.

Mark William Penny/Shutterstock/Glow Images

DiogoPPR/Shutterstock/Glow Images

Muellek Josef/Shutterstock/Glow Images

- Represente, por meio de um desenho, mais alguma atitude que contribua para manter o nosso corpo saudável.

A **vacinação** é outra forma de prevenir doenças. A vacina estimula nosso corpo a criar defesas contra microrganismos.

Após a vacinação, nosso organismo consegue, rapidamente, reconhecer e destruir os microrganismos contra os quais foi vacinado. Essa resposta de defesa é desencadeada antes mesmo de surgirem os primeiros sintomas da doença.

As vacinas podem ser encontradas em postos públicos de saúde ou em clínicas particulares.

Simone Ziasch/Arquivo da editora

NESTE CAPÍTULO, VOCÊ VIU QUE:

- As atividades físicas colaboram para manter a saúde do corpo. Elas devem ser praticadas da forma adequada e, se necessário, com equipamentos de proteção.
- Podemos promover nossa saúde por meio da adoção de atitudes, hábitos e posturas saudáveis.
- A vacinação é uma forma de prevenir doenças causadas por alguns tipos de microrganismos.

LEITURA DE IMAGEM

BRINCAR É SAUDÁVEL

Você já deve ter observado que, quando brinca de correr, saltar, rodopiar e pular, seu corpo apresenta algumas alterações:

- O que acontece com o seu coração?
- E com a sua transpiração?
- E como fica a sua respiração?

Isso acontece porque muitas brincadeiras da nossa cultura são também atividades físicas.

OBSERVE

Bec Parsons/Digital Vision/Getty Images

Andrey_Popov/Shutterstock

ANALISE

1. Compare as fotografias que você observou. Em qual delas as crianças estão em contato com outras crianças? O que elas fazem?

2. Você acha importante conviver e brincar com outras crianças? Por quê?

3. Você já precisou ficar sem contato com outras crianças por algum motivo? Como você se sentiu?

4. Que foto mostra diversão associada a atividade física? Nesse sentido, que benefícios as brincadeiras podem trazer à saúde?

5. Cite alguma destreza ou habilidade física conquistada com brincadeiras.

6. Você já teve febre, gripe, resfriado ou dor de garganta? Nesse período, você teve vontade de brincar? Por quê?

RELACIONE

7. Preencha o quadro com quatro brincadeiras de que você goste e os benefícios físicos que elas trazem à saúde.

Brincadeira	Benefícios

ATIVIDADES DO CAPÍTULO

1. Leia a história em quadrinhos.

©Laerte/Acervo do cartunista

Carol, de Laerte Coutinho. São Paulo: Noovha América, 2010.

a) De que maneira Carol, a personagem da história, machucou o pé?

____

____

b) Que medidas ou equipamentos podem ser úteis para prevenir acidentes de bicicleta?

____

____

2. Veja as imagens abaixo e faça as atividades.

Ilustrações: PriWi/Arquivo da editora

☐ ☐ ☐

a) Marque um **X** no quadrinho em que a criança apresenta a postura mais indicada para ficar em pé ou caminhar.

b) Por que essa postura pode ser considerada a mais adequada?

____

____

3. Anita, mãe de Ricardinho, foi levá-lo para tomar vacina. Chegando ao local de vacinação, ele começou a chorar e pediu à mãe que fossem embora, pois estava com medo de tomar a vacina. O que poderia acontecer se Anita atendesse ao pedido de Ricardinho e o levasse embora sem tomar a vacina?

____

____

ENTENDER E PRATICAR CIÊNCIAS

PEGA-BANDEIRA

Pular corda, correr, nadar, andar de bicicleta... Essas brincadeiras, além de divertidas, são ótimas formas de praticar atividades físicas. Então, vamos brincar?

Essa brincadeira estimulará sua agilidade e a criação de estratégia em grupo.

MATERIAL

- panos em duas cores diferentes

- Participantes: 8 ou mais.

Ilustrações: Vicente Mendonça/Arquivo da editora

Como jogar

1. Os participantes são divididos em dois times.
2. Divida o espaço em dois campos de tamanhos iguais – quanto mais comprido e estreito o campo, mais difícil fica o jogo.

3. Cada time deve colocar a bandeira – que pode ser um pedaço de pano – no local que considerar mais difícil e distante dentro do seu campo.

4. O objetivo do jogo é atravessar o campo adversário e capturar a bandeira sem ser pego. Quem for pego deve ficar parado, congelado, no território oposto.

5. O participante poderá ser salvo por alguém de sua equipe que conseguir tocá-lo sem ser pego pelo adversário.

- Essa brincadeira também pode se chamar pique-bandeira, bandeira, bandeirinha, rouba-bandeira, bimbarra, capture a bandeira, barra-bandeira, rouba-lata, dependendo da região do país.

DICA: Experimente espalhar várias bandeiras nos campos adversários, ou faça a brincadeira em um espaço bem grande sem delimitar os territórios.

LER E ENTENDER

PIRÂMIDE DE ATIVIDADES FÍSICAS

Que atividades físicas deveríamos praticar diariamente?

O que deveríamos evitar?

Você sabe onde encontrar respostas para essas perguntas?

A figura a seguir pode ajudar. Confira!

PriWi/Arquivo da editora

ANALISE

1. A ilustração apresentou informações que você desconhecia antes de sua leitura? Se sim, quais?

2. Observe como a pirâmide foi dividida. O que essa divisão representa?

3. Sabendo que as áreas maiores de um gráfico indicam quantidades maiores, o que justifica essa divisão?

4. De acordo com a figura, quais são as atividades que devemos evitar? Quais são as mais recomendadas?

5. Por que as atividades físicas que você mencionou para responder à pergunta anterior foram distribuídas nas extremidades da pirâmide?

RELACIONE

6. De acordo com o que você estudou nesta Unidade, qual é a contribuição da prática de atividades físicas para o ser humano?

7. Complete a tabela abaixo com atividades que você pratica no seu dia a dia.

Atividades diárias	Atividades aeróbicas e de lazer	Atividades de flexibilidade e de força	Inatividade

8. Observe a frequência indicada na pirâmide e verifique se suas atividades diárias estão de acordo com as orientações para manter a saúde do seu corpo.

O QUE APRENDI?

1. Observe a imagem.

Giz de cera/Arquivo da editora

a) Quais brincadeiras que aparecem na imagem se assemelham a modalidades esportivas?

b) Utilizando os conteúdos estudados, explique como os ossos e os músculos produzem os movimentos do corpo.

2. Qual é a importância de uma boa alimentação e da prática de atividades físicas para manter o corpo saudável?

3. Numere as frases de acordo com a palavra correspondente.

1 Ossos	( ) Conjunto de atitudes que podem evitar acidentes e doenças.
2 Músculos	( ) Região de junção entre os ossos.
3 Articulações	( ) Movimento corporal que estimula um estilo de vida ativo e saudável.
4 Pele	( ) Ligam-se aos ossos ou a outros órgãos por meio dos tendões.
5 Prevenção	( ) Órgão que reveste e protege o corpo humano, funcionando como uma barreira contra microrganismos.
6 Atividade física	( ) Sustentam o corpo e protegem partes dele.

4. Este é o momento de pensar no que você aprendeu nesta Unidade. Indique com um **X** na tabela.

Conteúdos estudados	Compreendi este conteúdo	Fiquei com algumas dúvidas e preciso retomar	Não compreendi e preciso retomar
Capítulo 4 Movimentos do corpo			
Capítulo 5 Pele como defesa do organismo			
Capítulo 6 A importância da prevenção de acidentes e de hábitos saudáveis para a saúde do corpo			

Converse com os colegas e o professor para entender melhor o seu aproveitamento e, assim, iniciar o estudo da próxima Unidade.

UNIDADE

3 COMPONENTES DO AMBIENTE

Giz de cera/Arquivo da editora

- A presença do ar pode ser notada na imagem? Como? Qual a importância do solo no ambiente?
- Em que elementos da imagem há água?

CAPÍTULO

7 O AR

COMPOSIÇÃO E CARACTERÍSTICAS DO AR

Observe a imagem abaixo.

Simone Ziasch/Arquivo da editora

- Com base na imagem, responda: como podemos saber que o ar existe se não podemos vê-lo?

____

____

- Que elementos da imagem indicam a presença de ar?

____

____

O ar é composto de uma mistura de gases, vapor de água e impurezas, como a poeira.

Na respiração, os seres vivos consomem o gás oxigênio e liberam o gás carbônico no ar. As plantas utilizam o gás carbônico do ar para produzir seu alimento. Portanto, o ar é uma substância vital para a manutenção da vida na Terra, assim como a água e o solo.

Uma de suas características é que o ar quente tende a subir, enquanto o ar frio tende a descer. Os balões de ar quente usam essa característica do ar para voar.

Tewan Yangmee/Shutterstock

Balões de ar quente

Outra característica do ar é que ele tem peso e ocupa lugar no espaço. Ao soprarmos uma bexiga, ela fica cheia de ar e é possível perceber o tamanho dela aumentar.

Simone Ziasch/Arquivo da editora

VENTO

O **vento** é o ar em movimento. Ele é um fator importante do ambiente, pois auxilia na dispersão de sementes e de poluentes, gera energia, movimenta embarcações, etc. Observe as imagens.

shalunts/Shutterstock

Dente-de-leão dispersando sementes.

Delpixel/Shutterstock

Torre de energia eólica

Jose Lledo/Shutterstock

Barco a vela

ATMOSFERA

A camada de gases que envolve a Terra, desde a superfície até o espaço, é chamada de **atmosfera**.

A atmosfera funciona como um filtro para os raios solares e contribui para manter a temperatura terrestre adequada para o desenvolvimento da vida.

Anton Balazh/Shutterstock/Glow Images

O estudo da atmosfera e dos fenômenos que ocorrem nela é chamado de **meteorologia**.

Os meteorologistas utilizam diferentes instrumentos para analisar a umidade do ar, a direção dos ventos, a variação de temperatura e outras condições atmosféricas. Com essas informações, eles conseguem fazer a previsão do tempo.

A biruta indica a direção e a quantidade de vento.

ID1974/Shutterstock/Glow Images

Henrik Sorensen/Photonica/Getty Images

O higrômetro mede a umidade relativa do ar.

Vblinov/Shutterstock/Glow Images

O termômetro indica a temperatura.

A previsão do tempo é muito importante para diversas atividades humanas, como a agricultura e o tráfego aéreo, por exemplo. Assim, a meteorologia fornece informações úteis para o agricultor planejar o plantio, para os aviadores decidirem as rotas seguras a seguir e para os engenheiros planejarem uma construção.

Além dessas situações, todas as pessoas podem usar a previsão do tempo para decidir se devem sair de casa mais agasalhadas ou não, ou para planejar uma viagem para a praia, por exemplo.

POLUIÇÃO E PRESERVAÇÃO DO AR

Algumas fábricas e veículos liberam substâncias que poluem a atmosfera. Observe as imagens.

M. Shcherbyna/Shutterstock

ssuaphotos/Shutterstock

Juriah Mosin/Shutterstock/Glow Images

Em cidades com grande quantidade de veículos liberando gases na atmosfera, muitas pessoas sentem dificuldade para respirar e podem ficar com os olhos irritados.

As condições do ar afetam nossa saúde também de outras formas: o excesso de poeira por falta de chuvas e a presença de microrganismos no ar contribuem para a transmissão de infecções, como gripe, resfriado e conjuntivite, entre outras doenças.

Além de prejudicar a saúde humana, a poluição atmosférica afeta todo o ambiente. Entre outras consequências, provoca mudanças na composição do ar, reduz a filtragem dos raios solares e altera a temperatura da Terra.

Problemas respiratórios são um dos efeitos da poluição do ar no nosso organismo.

Para amenizar esses problemas, algumas medidas podem ser tomadas. Por exemplo:

- Manter os automóveis regulados.
- Colocar filtros de ar nas chaminés e no escapamento dos veículos.
- Utilizar combustíveis menos poluentes.
- Evitar as queimadas e o desmatamento de florestas.
- Utilizar transporte coletivo sempre que possível.
- Dar preferência aos meios de transporte que não emitem gases tóxicos, como a bicicleta.
- Plantar árvores e manter as cidades bem arborizadas.

stefanolunardi/Shutterstock

Robert Daly/Caiaimage/Getty Images

Cuidar da qualidade do ar é fundamental para a vida na Terra. Essa é uma tarefa em que todos os seres humanos devem estar envolvidos.

NESTE CAPÍTULO, VOCÊ VIU QUE:

- O ar é composto de uma mistura de gases, vapor de água e impurezas.
- O ar apresenta características próprias.
- A qualidade do ar afeta os seres vivos e o ambiente.
- A arborização e o uso de filtros de ar ajudam a controlar a poluição.

ATIVIDADES DO CAPÍTULO

1. Leia o texto abaixo.

Nosso amigo Ventinho

[...]
Ventinho tinha também
outras obrigações.
Logo que as lavadeiras
punham a roupa na corda
ele corria para secar.
E ele gostava
de balançar as roupas
pra lá e pra cá.
[...]

Nosso amigo Ventinho, de Ruth Rocha.
São Paulo: Ática, 2002.

PriWi/Arquivo da editora

- Copie do texto a informação que comprova a existência do ar.

____

____

- Em sua opinião, quais seriam as "outras obrigações" do vento?

____

____

2. Com o auxílio do professor, pesquise quais são os gases que compõem o ar e a proporção de cada um deles.

____

____

3. Por que os astronautas precisam de equipamentos para respirar no espaço?

Marc Ward/Shutterstock

4. A atmosfera é a camada de ar que envolve a Terra. Registre duas informações que mostram a importância dela para a vida no planeta.

5. Observe a imagem e responda.

PriWi/Arquivo da editora

- Que atitudes os moradores dessa cidade podem tomar para melhorar a qualidade do ar?

ENTENDER E PRATICAR CIÊNCIAS

O AR TEM PESO?

Montagem

MATERIAL

- 1 palito de churrasco
- 2 bexigas
- 3 pedaços de barbante ou linha

1. Meça o palito de churrasco e descubra onde fica o seu meio. Amarre o barbante nesse ponto, como se fosse uma balança.

2. Com a ajuda dos outros pedaços de barbante, prenda (sem apertar demais) uma bexiga vazia em cada ponta do palito.

Ilustrações: Vicente Mendonça/Arquivo da editora

3. Segure o barbante do meio e encontre o ponto de equilíbrio (o palito reto, com as duas pontas no mesmo nível).

4. Desamarre uma das bexigas, encha e prenda-a novamente no mesmo lugar do palito em que ela estava antes.

LEVANTANDO HIPÓTESES

- Você acha que o ar tem peso? Justifique a sua resposta.

5. Segure mais uma vez o barbante do meio e observe.

Adaptado de: <cieemtudo.blogspot.com.br/2013/10/peso-do-ar.html>. Acesso em: 5 jan. 2016.

Observação

6. Foi possível equilibrar o palito quando as duas bexigas estavam vazias?

____

7. O palito se manteve equilibrado quando uma das bexigas ficou cheia? Por quê?

____

____

____

CAPÍTULO 8

A ÁGUA

CARACTERÍSTICAS DA ÁGUA E SEU CICLO NATURAL

Leia o poema abaixo.

Cadê a água

Cadê a chuva?
Correu para o riacho.
Cadê o riacho?
Juntou-se ao rio.
Cadê o rio?
Correu para o mar.
Cadê o mar?
Está evaporando.
Cadê o vapor?
Virou nuvem.
Cadê a nuvem?
Virou chuva.

Adaptado de: <http://amiguinhos-da-leitura.blogspot.com.br/2011/04/poesia-sobre-agua.html>. Acesso em: 24 nov. 2015.

Simone Ziasch/Arquivo da editora

- Sobre o que fala o poema?

____

- Qual é o significado da palavra "evaporação"?

____

____

- Onde encontramos água na região em que se situa a escola?

____

A água está por toda parte. Ela compõe os oceanos, os mares, os rios, os lagos. É parte das plantas, dos animais, do nosso sangue e urina. Quando está em forma de vapor, espalha-se na atmosfera formando as nuvens. Ela também pode se tornar neve, granizo e geleiras.

O conjunto de água que cobre grande parte da superfície da Terra é chamado de **hidrosfera**.

Devemos beber bastante água para repor a que é eliminada pelo corpo.

Burke/Triolo Productions/Getty Images

Stephane Bidouze/Shutterstock

A neblina e as nuvens são formadas por gotículas de água.

kovgabor/Shutterstock

Em regiões muito frias, a água pode congelar e formar geleiras.

Aungkul Intaraprasong/Shutterstock

As águas subterrâneas podem ser retiradas do subsolo por meio de poços.

Nos rios, a água está na sua forma líquida.

Den10/Getty Images

Será que a água do planeta é encontrada sempre na forma líquida? Leia a história em quadrinhos.

Disponível em: <alunamarcelley.blogspot.com.br/2013/04/turma-da-monica_4.html>. Acesso em: 4 fev. 2016.

- No início da história, Cascão depara com uma pedra de gelo. Qual era o estado inicial dela? E o final? O que causou essa mudança?

- No final da história, a nuvem fica triste porque o Cascão foge dela. Por que o Cascão saiu correndo no penúltimo quadrinho? Que elementos do quadrinho indicam essa ação?

Na história em quadrinhos da página anterior, a água é apresentada nas três formas em que é encontrada na natureza. Essas formas são chamadas de **estados físicos** da água. São eles:

- **Estado líquido**: água de rios, lagos, oceanos, mares, reservatórios subterrâneos.
- **Estado sólido**: água em forma de neve ou gelo, encontrada em geleiras e nos picos de montanhas.
- **Estado gasoso**: água em forma de vapor, invisível, encontrada no ar.

A água pode passar de um estado físico para outro quando ocorre, por exemplo, mudança de temperatura. Cada mudança de estado físico recebe um nome, como se vê a seguir:

Ilustrações: Júlio Dian/Arquivo da editora

Na natureza, a água possui um ciclo próprio, em que essas mudanças acontecem constantemente. Observe abaixo o esquema simplificado do ciclo da água.

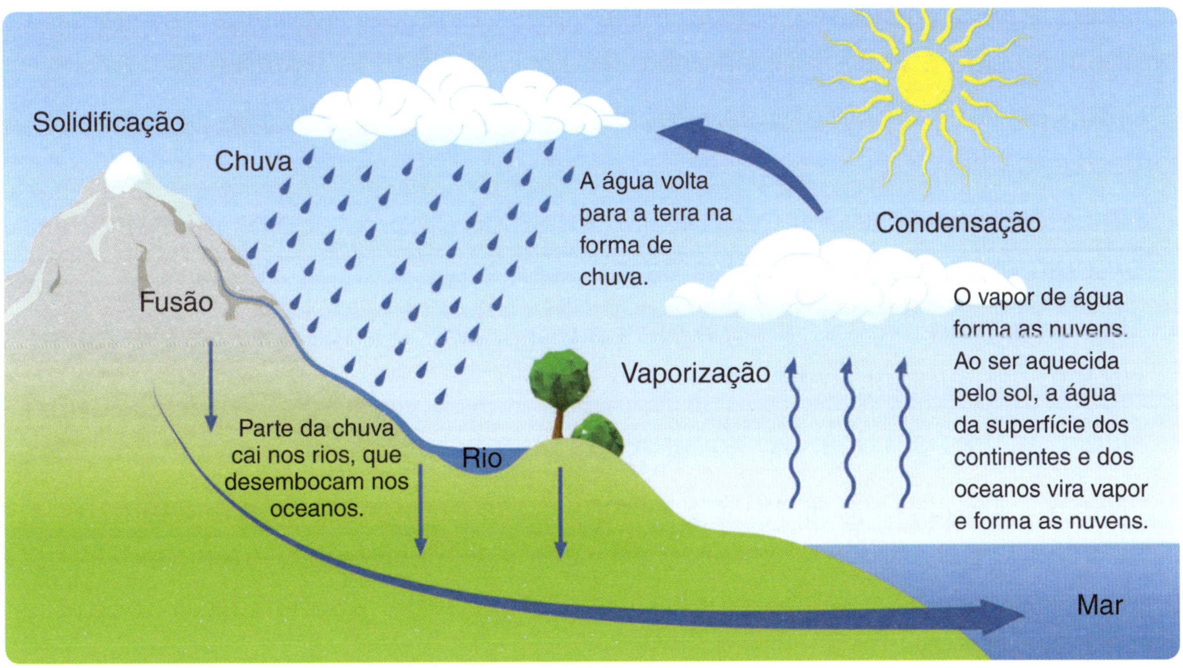

Adaptado de: CIÊNCIA HOJE NA ESCOLA. Meio ambiente: águas. 5. ed. Rio de Janeiro: Ciência Hoje, 2003. p. 10.

CUIDADOS COM A ÁGUA

Observe as imagens abaixo.

Ilustrações: PriWi/Arquivo da editora

- O menino das imagens acima retirou alguns materiais de um rio. O que esses materiais podem causar ao ambiente?

Rios, lagos e mares são poluídos por diversos materiais que são jogados em suas águas, como lixo, esgoto e produtos químicos. A poluição contamina também a água que se infiltra no solo, prejudicando todo o ambiente.

Para prevenir a poluição das águas, há algumas atitudes que podem ser tomadas, como:

- Não jogar gorduras diversas provenientes de óleo, remédios ou qualquer produto químico nos ralos das casas.
- Não levar animais domésticos para a praia, pois a urina e as fezes deles podem contaminar a areia e a água do mar.
- Não jogar lixo em rios, lagos, represas ou mares.

Mesmo a água cuja aparência é limpa pode não ser potável e estar contaminada por microrganismos e substâncias que causam doenças, prejudicando a nossa saúde. Por isso, devemos beber apenas água tratada ou filtrada e fervida.

potável: adequada para beber.

A água doce representa apenas uma pequena parte de toda a água existente no mundo. Apenas uma pequena parte da água doce pode ser consumida diretamente pelos seres vivos. Por isso, é muito importante preservar esse recurso em condições apropriadas para o consumo.

Além de não poluir as fontes de água doce, precisamos ficar atentos para evitar o desperdício de água.

Para escovar os dentes, a torneira não precisa ficar aberta o tempo todo.

Ilustrações: PriWi/Arquivo da editora

Além de fechar a torneira enquanto passa sabonete no corpo, evite banhos demorados.

Limpe a calçada com uma vassoura, em vez de empurrar a sujeira com água.

Fique atento para que pequenos vazamentos de água sejam consertados.

- Que outras atitudes podem ser tomadas para diminuir o desperdício de água?

NESTE CAPÍTULO, VOCÊ VIU QUE:

- A água está presente nos ambientes e no corpo dos seres vivos.
- No ambiente, ela apresenta três estados físicos: sólido, líquido e gasoso.
- A água é fundamental para a vida na Terra.
- Devemos evitar o desperdício de água e sua poluição para atender às necessidades dos seres vivos e manter o equilíbrio do ambiente.

LEITURA DE IMAGEM

ÁGUA: ESSENCIAL PARA O SER HUMANO

Muitas ações do ser humano resultam em alterações no ciclo da água e até na diminuição da quantidade de água limpa e própria para o consumo.

A água que podemos consumir é apenas uma porção muito pequena de toda a água do planeta.

O que você imagina que pode acontecer se essa água for poluída?

OBSERVE

Cordel Imagens/SambaPhoto

China Daily /Reuters/Latinstock

ANALISE

1. Nas fotos da página anterior, as cenas são semelhantes: nas duas se veem crianças nadando. Mas elas provocam sensações muito diferentes. O que você sentiu ao observar as duas fotos? O que explica essas sensações?

2. A expressão "qualidade de vida" está relacionada às condições necessárias de saúde, lazer, higiene, entre outros aspectos, para se viver bem. Qual das fotos mostra um local com melhor qualidade de vida? Por quê?

3. Que objetos ou substâncias podem ser identificados na água retratada na segunda foto?

4. Esses objetos ou substâncias parecem vir de:

☐ residências ☐ hospitais ☐ indústrias

- Nesse caso, quem seriam os responsáveis pela poluição que se vê nesse rio?

5. Em qual das imagens provavelmente existem mais formas de vida na água? Por quê?

RELACIONE

6. Liste, numa folha à parte, duas medidas que a população poderia adotar para não poluir a água dos rios e duas medidas para evitar o desperdício de água. Depois sublinhe aquelas que você já põe em prática. Converse com os colegas e o professor sobre as medidas que ainda não são adotadas pela sua turma. O que você e seus colegas podem fazer para mudar essa situação?

ATIVIDADES DO CAPÍTULO

1. Leia o texto.

Simone Ziasch/ Arquivo da editora

O Sol e a neve

Era uma floquinha de neve que vivia no alto de uma montanha gelada.

Um dia, se apaixonou pelo Sol. E passou a flertar descaradamente com ele.

"Cuidado!", alertaram os flocos mais experientes. "Você pode se derreter."

Mas a nevinha não queria nem saber e continuava a olhar o Sol, que com seus raios a queimava de paixão. Ela nem percebia o quanto derretia... E ficou ali um bom tempo, só se derretendo, se derretendo.

Quando viu, era uma gotinha, uma pequena lágrima de amor descendo, com nobreza e delicadeza, a montanha. Lá embaixo, um rio esperava por ela.

Histórias para acordar, de Diléa Frate. São Paulo: Companhia das Letrinhas, 1996.

a) A personagem principal dessa história é uma floquinha de neve que vivia no alto da montanha. Qual é o estado físico da água em que ela estava?

☐ Líquido ☐ Sólido ☐ Gasoso

b) Na última parte da história, essa mesma personagem já se apresenta em outro estado físico. Qual é ele?

☐ Líquido ☐ Sólido ☐ Gasoso

c) O que provocou essa mudança?

____

d) Como é chamada essa mudança de estado físico da água?

____

2. Mariana faz parte de um grupo de pessoas que se reúne e faz viagens para lugares em que é possível ter maior contato com a natureza. Dessa vez, eles foram para um local que oferecia uma caminhada no meio da mata, com o acompanhamento de um guia. Durante o passeio, Mariana sentiu sede, mas a água de sua garrafa já tinha acabado. Ela avistou um rio de água transparente e decidiu matar a sua sede.

- A atitude de Mariana está correta? Por quê?

____

____

3. Observe o esquema que representa as mudanças do estado da água. Em seguida, organize as informações na tabela.

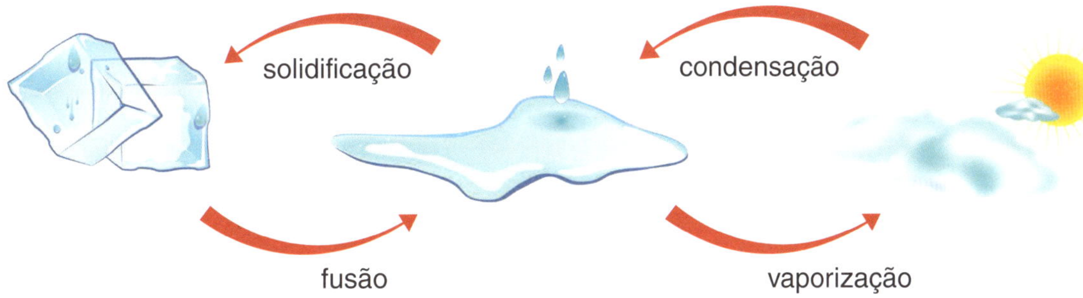

Banco de imagens/Arquivo da editora

Estado inicial	Temperatura		Estado final	Nome da mudança
	Aumenta	Diminui		
Sólido	X			
			Gasoso	
				Condensação
			Sólido	

4. No caderno, faça um desenho que represente uma situação em que você e sua família possam economizar água.

ENTENDER E PRATICAR CIÊNCIAS

CADÊ A ÁGUA?

Montagem

MATERIAL

- 1 fôrma de gelo
- 4 copos
- água
- corante de anilina comestível de quatro cores diferentes
- cartolina branca
- geladeira

1. Encha quatro copos de água e pingue uma cor de anilina em cada um deles.

Ilustrações: Vicente Mendonça/Arquivo da editora

2. Despeje cada mistura em uma fôrma de gelo e coloque no *freezer*. Aguarde o gelo se formar.

3. Tire o gelo das fôrmas e coloque sobre a cartolina. Espere o gelo derreter ou coloque a cartolina no sol.

4. Espere a cartolina secar e veja que desenhos se formaram.

LEVANTANDO HIPÓTESES

- O que você acha que vai acontecer com o gelo depois de algum tempo? E com o corante?

Observação

5. Numere os seguintes processos de mudança de estado físico na ordem em que aconteceram na experiência:

☐ vaporização ☐ solidificação ☐ fusão

6. Em qual das mudanças a água se torna invisível?

____

Conclusão

7. Retome suas hipóteses iniciais e verifique se elas se confirmaram. Registre sua conclusão no caderno.

CAPÍTULO

9 O SOLO

FORMAÇÃO E COMPOSIÇÃO DO SOLO

As rochas que ficam na superfície da Terra estão expostas a fatores do ambiente, como chuva, vento, a luz do Sol, mudanças de temperatura, a ação dos seres vivos, entre outros.

O processo de formação do solo está relacionado com os desgastes pelos quais as rochas passam ao longo do tempo.

No solo podem crescer plantas, que atraem animais e outros seres vivos.

Os elementos das imagens não estão em proporção entre si.

Com a ação da chuva, do vento, da luz do Sol e das mudanças de temperatura, as rochas começam a se fragmentar.

Quando os seres morrem, eles se decompõem e se transformam em **húmus**. No solo, o húmus contribui para o crescimento de novas plantas porque é rico em nutrientes necessários para o desenvolvimento delas. As camadas da superfície do solo são as mais recentes. Elas possuem maior quantidade de restos de animais e vegetais mortos.

Ilustrações: Júlio Dian/Arquivo da editora

O solo é composto de uma mistura de minerais, água, ar e matéria orgânica (restos de seres vivos). Veja no quadro à direita os principais componentes sólidos do solo.

Solo formado, mostrando suas camadas. Em sua superfície há vegetação e muitos outros seres vivos.

Componentes minerais

Fabio Colombini/Acervo do fotógrafo

O feldspato (foto), o quartzo e a mica são alguns dos principais minerais primários.

Coprid/Shutterstock/Glow Images

Os fragmentos de argila são muito pequenos e podem se juntar formando torrões.

Xpixel/Shutterstock/Glow Images

Os fragmentos de areia (foto) são maiores que os de argila. Além de areia e argila, o solo também é composto de um mineral chamado silte.

Componentes orgânicos

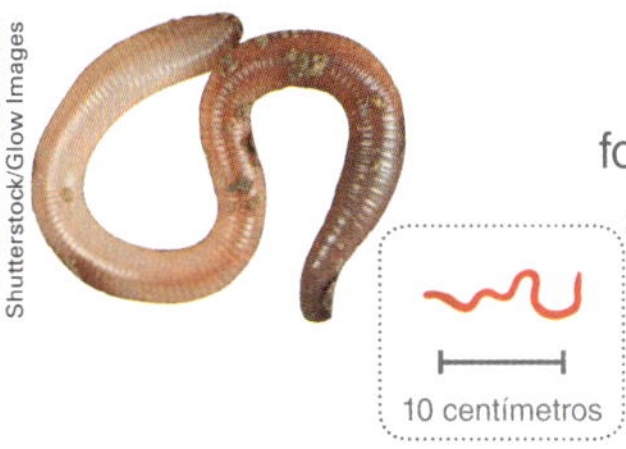

D. Kucharski K. Kucharska/Shutterstock/Glow Images

Minhoca (foto), formigas e cupins são alguns dos animais que vivem no solo.

Reprodução/<http://jesusbonsai.wordpress.com/2011/05/03/pinus-uncinata/>

Algumas raízes se associam a fungos do solo, aumentando a absorção de nutrientes e de água.

Madlen/Shutterstock/Glow Images

O húmus é um composto escuro formado por restos de seres vivos.

Elaborado com dados de: OLIVEIRA, Deborah de. *O solo sob nossos pés*. São Paulo: Atual, 2010. p. 19-21. (Projeto Ciência).

TIPOS DE SOLO

Existem diversos tipos de solo, cada um deles com características próprias, que variam de acordo com o tipo de rocha que deu origem aos fragmentos, com o tamanho desses fragmentos e com a quantidade de água, ar e húmus que os formam.

Conheça alguns tipos de solo e suas características.

O **solo arenoso** contém muita areia em sua composição. Os grãos permitem que a água e o ar passem com facilidade. Por isso, esse tipo de solo não oferece grande quantidade de nutrientes para as plantas.

Ekipaj/Shutterstock/Glow Images

Nito/Shutterstock/Glow Images

O **solo argiloso** contém grande quantidade de argila em sua composição. As partículas de argila são pequenas e ficam bem próximas umas das outras. Com isso, a passagem de ar e água se torna mais difícil, fazendo com que tanto o ar quanto a água fiquem retidos por mais tempo.

O **solo humífero** apresenta grande quantidade de húmus, o que o torna rico em nutrientes. O húmus ajuda a reter a água no solo.

NRT/Shutterstock/Glow Images

- Na sua opinião, qual desses solos seca mais depressa depois de uma chuva? Por quê?

Os solos férteis apresentam quantidade equilibrada de areia, argila e húmus e permitem boa circulação de ar e água. Assim, evita-se que fiquem encharcados ou muito secos. Esses solos geralmente são muito bons para o desenvolvimento das plantas.

férteis: que produzem muito, que apresentam boas condições para o plantio.

Nem sempre o solo apresenta as características necessárias para determinado tipo de plantio. Quando ele não é adequado para a agricultura, os seres humanos empregam algumas técnicas para melhorá-lo.

Veja algumas técnicas para realizar a adequação do solo.

Deyan Georgiev/Shutterstock/Glow Images

A **irrigação** é uma técnica que acrescenta água ao solo.

Gkuna/Shutterstock/Glow Images

A **drenagem** é uma técnica de escoamento do excesso de água do solo.

Digital Genetics/Shutterstock/Glow Images

A **aragem** remexe o solo, melhorando a infiltração da água e do ar.

Singkham/Shutterstock/Glow Images

A **adubação** recupera ou conserva os nutrientes do solo.

VIDA NO SOLO

O solo é o *habitat* de vários seres vivos.

As plantas terrestres vivem sobre o solo e retiram dele água e outros nutrientes para se desenvolver. O solo também abriga muitos animais, como as formigas, os cupins, as larvas de inseto e os microrganismos.

Os seres vivos necessitam dos recursos do solo para viver e, ao habitá-lo, modificam as características desse solo.

A presença de ar, água e outros componentes no solo é necessária para a sobrevivência dos seres vivos.

Os túneis feitos por formigas e minhocas colaboram para a entrada de água e ar no solo, além de criar condições para que as raízes das plantas penetrem mais facilmente no solo.

As plantas que crescem no solo, por sua vez, servem de alimento e de abrigo aos animais. Essa relação mostra como o solo e os seres vivos estão intimamente ligados.

Tapiti

Ilustrações: Júlio Dian/Arquivo da editora

Vista externa de formigueiro.

tozzimr/Shutterstock

Organismos no solo. O solo foi representado em corte para mostrar seu interior. Cores fantasia.

A PRESERVAÇÃO DO SOLO

O crescimento das cidades e a necessidade de consumo de alimentos, de energia e de outros recursos pelas populações humanas demandam o aumento de áreas para a criação de gado, a prática da agricultura e a edificação de construções. O resultado dessa transformação é o desmatamento da vegetação original dos ambientes.

Sem a vegetação, o solo fica exposto e pode sofrer desgastes, como a retirada de suas camadas superiores pela chuva ou pelo vento.

Outros fatores também prejudicam o solo, como o despejo de lixo e a contaminação por produtos tóxicos.

O uso incorreto do solo pode provocar alterações em sua composição, com a perda de água e de nutrientes. Essas alterações podem afetar muito os seres vivos que habitam o solo.

Eco Images/Getty Images

No Brasil, a retirada da vegetação ocorre principalmente para a formação de pastos, para os grandes plantios e para urbanização, algumas vezes com a utilização de queimadas.

Algumas técnicas de conservação e proteção dos solos, como o **reflorestamento** e a **rotação de culturas**, fazem com que eles permaneçam produtivos por mais tempo e evitam, dessa maneira, a destruição de novas áreas de vegetação. A rotação de culturas é uma técnica em que se revezam as plantas cultivadas. Por exemplo, na primeira parte do ano se planta milho e na segunda se planta feijão. Como as plantas absorvem nutrientes diferentes do solo, essa rotação ajuda a evitar seu esgotamento.

Alf Ribeiro/Shutterstock

Mudas para reflorestamento utilizadas para recuperar áreas desmatadas em Aimorés, Minas Gerais, 2007.

Ismar Ingber/Pulsar Imagens

Plantação com rotação de culturas em Teresópolis, Rio de Janeiro, 2012.

NESTE CAPÍTULO, VOCÊ VIU QUE:

- O solo é uma mistura de fragmentos de rochas, húmus, água e ar.
- Existem diferentes tipos de solo.
- O solo abriga grande variedade de seres vivos.
- O solo deve ser preservado para atender às necessidades dos seres vivos e manter o equilíbrio do ambiente.

ATIVIDADES DO CAPÍTULO

1. Explique como a água, o vento, o calor do Sol e as mudanças de temperatura interferem na formação do solo.

____

____

2. Marque **V** para as alternativas verdadeiras e **F** para as falsas.

- ☐ O solo é formado por pequenos pedaços de rochas e restos de plantas e animais.
- ☐ Na superfície terrestre existe apenas um tipo de solo.
- ☐ Na superfície terrestre podemos encontrar diversos tipos de solo.
- ☐ As queimadas melhoram a qualidade do solo.
- ☐ O reflorestamento e a rotação de culturas são técnicas que ajudam a proteger o solo.

3. Observe as imagens.

Madlen/Shutterstock/Glow Images

Alexey Kashin/Shutterstock/Glow Images

Galyna Andrushko/Shutterstock/Glow Images

Agora, responda: qual desses solos costuma ser mais utilizado na agricultura? Por quê?

____

____

4. Numere a segunda coluna de acordo com a primeira.

1 Solo argiloso	( ) Solo que possui consistência granulosa e muita areia.
2 Solo arenoso	( ) Solo escuro e rico em restos de animais e plantas.
3 Solo humífero	( ) Dele se retira o barro utilizado na fabricação de tijolos, telhas e objetos de cerâmica.

5. Pedro comprou um sítio e plantou feijão. No entanto, depois de um dia de muita chuva, olhou para o terreno e viu diversas poças de água. Alguns dias mais tarde, o solo continuava bem molhado. Pedro percebeu que deveria fazer algo para que a sua plantação de feijão pudesse dar certo.

Mauro Nakata/Arquivo da editora

a) De acordo com o texto, qual é o tipo de solo presente no terreno de Pedro? Que informação apresentada comprova a sua resposta?

b) O que Pedro deve fazer para que o solo de seu sítio fique adequado para o plantio?

ENTENDER E PRATICAR CIÊNCIAS

DIFERENTES TIPOS DE SOLO

Vamos conhecer um pouco mais as características de cada solo?

MATERIAL

- 3 funis com peneira
- 3 copos
- 3 etiquetas
- areia
- argila
- terra
- colher
- água

Montagem

1. Coloque uma etiqueta em cada copo e identifique o que será posto no funil: areia, argila e terra.

2. Apoie um funil em cada copo.

3. Coloque um tipo de solo diferente em cada funil.

Ilustrações: Vicente Mendonça/Arquivo da editora

4. Despeje a mesma quantidade de água em cada funil.

LEVANTANDO HIPÓTESES

- A água levará menos tempo para passar por qual tipo de solo? E por qual levará mais tempo?
- O que será que faz a água demorar um tempo diferente para passar em cada tipo de solo?

Observação e conclusão

5. O que aconteceu com a água em cada um dos experimentos?

Funil com areia	Funil com argila	Funil com terra

6. A sua hipótese foi confirmada?

7. Converse com seus colegas e responda no caderno:

a) Qual dos três tipos de solo seria o mais adequado para a agricultura? Por quê?

b) Será que há areia ou argila na terra usada na experiência?

LER E ENTENDER

A Organização das Nações Unidas (ONU) instituiu em 22 de março de 1992 o Dia Mundial da Água e publicou a Declaração Universal dos Direitos da Água.

Você sabe ou imagina quais são esses direitos?

Qual é o objetivo de um documento desse tipo?

Declaração Universal dos Direitos da Água

1. A água faz parte do patrimônio do planeta. Cada continente, cada povo, cada nação, cada região, cada cidade e cada cidadão são responsáveis por ela.

2. A água é a seiva de nosso planeta. Ela é condição essencial de vida de todo vegetal, animal ou ser humano. Sem ela não haveria atmosfera, clima, vegetação ou agricultura.

3. Os recursos naturais de transformação da água em água potável são lentos e frágeis. Por isso, a água deve ser manipulada com consciência, cuidado e economia.

4. O equilíbrio e o futuro de nosso planeta dependem da preservação da água e de seus ciclos. Estes devem permanecer intactos e funcionando normalmente para garantir a continuidade da vida sobre a Terra. Esse equilíbrio depende, em particular, da preservação dos mares e oceanos, por onde os ciclos começam.

5. A água não é somente herança de nossos antepassados; ela é, sobretudo, um direito dos nossos sucessores.

6. A água não é uma doação gratuita da natureza; ela tem um valor econômico: precisa-se saber que ela é, algumas vezes, rara e cara e pode muito bem diminuir em qualquer região do mundo.

7. A água não deve ser desperdiçada, nem poluída, nem envenenada. De maneira geral, sua utilização deve ser feita com consciência para que não se chegue a uma situação de esgotamento ou de deterioração da qualidade das reservas atualmente disponíveis.

[...]

Adaptado de: Organização das Nações Unidas (ONU), 1992. Disponível em: <www.direitoshumanos.usp.br/index.php/Meio-Ambiente/declaracao-universal-dos-direitos-da-agua.html>. Acesso em: 30 nov. 2015.

ANALISE

1. De acordo com a Declaração Universal dos Direitos da Água, quais direitos estão sendo descumpridos nestas imagens?

Luiz Carlos Murauskas/Folhapress

David W. Leindecker/Shutterstock/Glow Images

2. Que itens dessa Declaração são cumpridos quando:

   a) não há desperdício de água?

   ____

   b) preservamos a água pensando nas gerações futuras?

   ____

3. Sobre a forma como a Declaração foi produzida, responda:

   a) Como o texto está organizado?

   ____

   b) A que se refere cada uma das partes da Declaração?

   ____

RELACIONE

4. No caderno, elabore uma lista de atitudes que podem contribuir para a conservação da água na sua casa e na escola.

5. Com um colega, ilustre um dos itens da Declaração Universal dos Direitos da Água. Depois, combine com o professor como divulgar o trabalho para a turma.

O QUE APRENDI?

1. Observe a imagem que aparece na abertura da Unidade e responda às questões.

Giz de cera/Arquivo da editora

a) Que elementos presentes na imagem demonstram a existência do solo, da água e do ar?

b) Que elemento natural inicia a formação do solo? Explique como isso ocorre.

c) O balão de ar quente não possui motor. Que característica do ar permite que ele voe?

2. A água líquida encontrada nos rios muda de forma ao passar para a atmosfera. Explique qual é essa mudança e que nome ela recebe.

____

____

3. Relacione as frases com os termos estudados nesta Unidade: ar, água, solo e preservação.

Está presente no ambiente e no corpo dos seres vivos. ________________

Pode garantir a conservação dos elementos do ambiente. ________________

Serve de apoio para o desenvolvimento das plantas terrestres e de abrigo a muitos animais. ________________

É uma mistura de gases. Nele há o gás oxigênio, que utilizamos para respirar.

____

4. Este é o momento de pensar no que você aprendeu nesta Unidade. Reflita e assinale com um **X** a opção mais adequada.

Conteúdos estudados	Compreendi este conteúdo	Fiquei com algumas dúvidas e preciso retomar	Não compreendi e preciso retomar
Capítulo 7 Características do ar			
Capítulo 8 Mudanças de estados físicos da água			
Capítulo 9 Formação do solo			

Converse com os colegas e o professor para entender melhor o seu aproveitamento e, assim, iniciar o estudo da próxima Unidade.

UNIDADE 4

MATERIAIS

Andréia Vieira/Arquivo da editora

- Que tipo de material foi utilizado nas partes da casa retratada na imagem?
- Qual é a origem desses materiais? De onde eles vêm e como chegam até a nossa casa?

CAPÍTULO

10 O QUE SÃO MATERIAIS?

ORIGEM DOS MATERIAIS

Observe a imagem abaixo e identifique o material utilizado na fabricação dos brinquedos.

Poznyakov/Shutterstock

- Faça uma lista de alguns materiais que você e seus colegas identificaram e indique sua origem e suas principais características.

Tipos de material	Origem	Características

- Escreva as diferenças entre os materiais que você e seus colegas escolheram.

Material é aquilo que compõe os objetos. Os materiais apresentam diferenças de cor, forma, brilho, etc.

Os materiais podem ser encontrados na natureza, como a rocha, a madeira e o barro, ou podem ser fabricados pelo ser humano, como o vidro e o plástico.

A sobrevivência da humanidade se deve em parte ao uso dos materiais. Com eles, o ser humano fabricou ferramentas e objetos que lhe permitiram caçar, construir abrigos, transportar água e alimentos, entre outras ações.

Dorling Kindersley/Getty Images

Ferramenta antiga feita de madeira, pedaço de rocha lascada e couro.

Maciej Sojka/Shutterstock

Os primeiros objetos utilizados pelo ser humano eram feitos de materiais encontrados no ambiente.

Muitos materiais são encontrados no ambiente. Eles podem ser de origem **animal**, **vegetal** ou **mineral**.

Veja as origens dos materiais no quadro abaixo.

Vegetal	Animal	Mineral
 Mexrix/Shutterstock/Glow Images	 Lubava/Shutterstock/Glow Images	 Marcel Clemens/Shutterstock/Glow Images
algodão	lã	ouro

PROPRIEDADES DOS MATERIAIS

O ser humano utiliza vários tipos de material para fazer os objetos de que precisa. Cada material apresenta características próprias que o tornam adequado à fabricação de determinados objetos. Vamos ver algumas dessas propriedades dos materiais.

wanphen chawarung/Shutterstock

- Que acessórios a criança da imagem está usando para se proteger da chuva?

- Que característica as roupas que usamos devem ter para nos proteger da chuva? Por quê?

PERMEABILIDADE

Os materiais que permitem a passagem da água ou de outros líquidos são chamados de **permeáveis**. É o caso do papel e dos tecidos de algodão.

Já aqueles que impedem a passagem de líquido são chamados de materiais **impermeáveis**, como o vidro, o plástico e os materiais usados nas vestimentas que protegem da chuva.

PLASTICIDADE

Essa propriedade relaciona-se à possibilidade de moldar um material. Os materiais com maior plasticidade mantêm a nova forma após serem modificados.

Fotos: Thirteen/Shutterstock/Glow Images

A argila úmida pode ser moldada para formar objetos como vasos, panelas, esculturas. Depois de moldada e seca, a argila permanece com a nova forma.

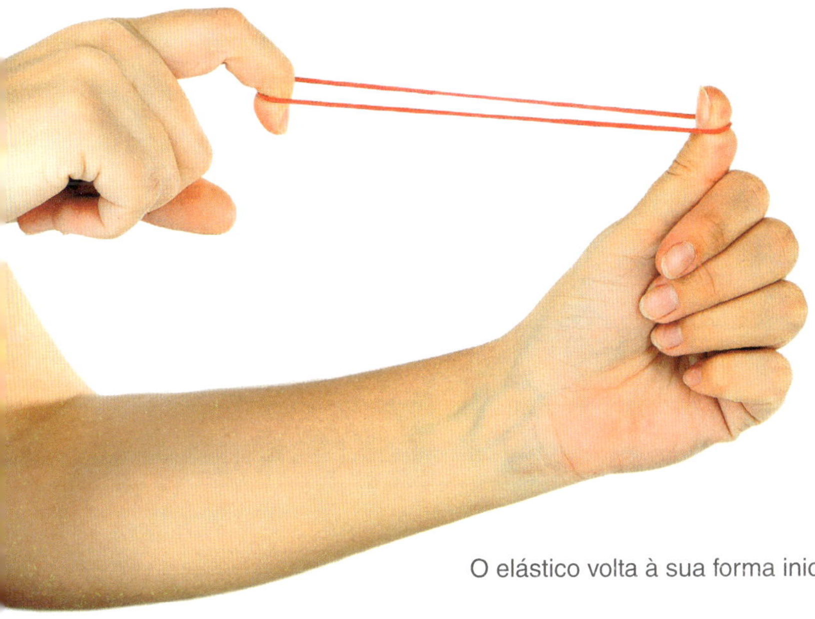

Africa Studio/Shutterstock

ELASTICIDADE

Propriedade que os materiais têm de voltar à sua forma inicial depois de serem esticados, dobrados ou apertados.

O elástico volta à sua forma inicial quando não há mais forças que o estiquem.

Com relação à passagem de luz, os materiais podem ser de três tipos: transparentes, translúcidos ou opacos.

TRANSPARENTE

Material que permite a passagem da luz e possibilita ver com nitidez o que está por trás dele. O vidro e alguns plásticos são exemplos de materiais transparentes.

TRANSLÚCIDO

Material que permite a passagem da luz de maneira difusa. Por isso, não é possível enxergar com clareza através de um material que apresenta essa propriedade. O papel vegetal, por exemplo, é um material translúcido, assim como alguns vidros.

OPACO

Material que não permite a passagem da luz. Não é possível visualizar algo que esteja atrás de um objeto opaco, como a madeira, por exemplo.

- **Em cada situação, escreva abaixo das imagens se o material da janela é transparente, translúcido ou opaco. Explique sua resposta.**

Simone Ziasch/Arquivo da editora

RESISTÊNCIA

Característica que os materiais têm de suportar maior ou menor peso, ou de não quebrar depois de um impacto.

Brocreative/Shutterstock

Os cabos de aço são tão resistentes que podem suportar o peso de uma pessoa.

BlickWinkel/Alamy/Glow Images

Alguns vidros são pouco resistentes ao impacto.

DUREZA

É a característica que o material tem de resistir a riscos. O diamante é o material natural de maior dureza. Isso significa que ele pode ser usado para riscar qualquer outro material sem sofrer riscos.

NESTE CAPÍTULO, VOCÊ VIU QUE:

- Os materiais podem ser encontrados no ambiente ou podem ser fabricados pelo ser humano.
- Os materiais encontrados no ambiente podem ser de origem vegetal, animal ou mineral.
- Os materiais apresentam propriedades, como permeabilidade, elasticidade, transparência, resistência e dureza.

ATIVIDADES DO CAPÍTULO

1. Óculos feitos com lentes opacas cumpririam a sua função? Por quê?

2. Joana estava brincando com massinha de modelar. Ora fazia cobrinhas bem compridas, ora fazia várias bolinhas. Depois fazia estrelas. E assim ia fazendo e desmanchando diferentes formas.

Pri Wi/Arquivo da editora

a) Qual propriedade a massa de modelar apresenta que permite a Joana fazer tantas formas diferentes?

b) A argila molhada possui a mesma propriedade que a massa de modelar?

c) Depois de seca, a argila mantém a sua propriedade inicial? Como ela fica?

3. Este brinquedo tem uma mola no centro. As crianças balançam e o brinquedo vai de um lado para o outro.

Jekaterina Nikitina/Getty Images

- Em relação à mola, qual das propriedades abaixo faz o brinquedo funcionar?

☐ Transparência ☐ Elasticidade

☐ Plasticidade ☐ Permeabilidade

4. Complete a tabela com o material de que é feito o objeto mostrado na imagem. Escreva também se a origem desse material é animal, vegetal ou mineral.

Objeto	Material	Origem
 Aigars Reinholds/Shutterstock/Glow Images		
 Esterio/Shutterstock/Glow Images		
 Horiyan/Shutterstock/Glow Images		

ENTENDER E PRATICAR CIÊNCIAS

INVESTIGANDO OS MATERIAIS

Nesta atividade você vai distinguir os materiais que formam os objetos e identificar as características de cada um deles.

MATERIAL

- diversos objetos feitos de diferentes materiais

Ilustrações: Vicente Mendonça/Arquivo da editora

Desenvolvimento

Coloque os objetos sobre uma mesa. Analise cada um deles e depois preencha a tabela, escrevendo o nome e o material de que são feitos e sua cor. Nas colunas seguintes, marque **SIM** (quando o material possuir a característica), **NÃO** (quando não a possuir) ou **UM POUCO** (caso o material possua a característica, mas não tanto quanto outro material investigado). Veja o exemplo.

Objeto	Material	Cor	Resistência	Transparência	Brilho
colher	madeira	marrom	sim	não	não

Depois de preencher a tabela, junte seus objetos com os dos colegas da sala e, em grupo, separe-os de acordo com as características que apresentam.

Adaptado de: <http://portaldoprofessor.mec.gov.br/fichaTecnicaAula.html?aula=7987>. Acesso em: 7 dez. 2015.

CAPÍTULO

11 OS MATERIAIS EM NOSSA VIDA

OS MATERIAIS

Se você olhar à sua volta, verá objetos com diferentes utilidades e feitos com diversos materiais.

- Indique três objetos que estão ao seu redor e o material de que são feitos.

Agora, vamos conhecer melhor alguns materiais presentes em nosso cotidiano.

rtem/Shutterstock

Escultura de mármore

ROCHAS

As rochas são materiais naturais duros e resistentes. Por esse motivo, os fragmentos de rochas, chamados de pedras, foram um dos primeiros materiais utilizados pelo ser humano para fabricar ferramentas.

Givaga/Shutterstock/Glow Images

Garrafas, embalagens de alimentos e objetos de decoração podem ser feitos de vidro.

VIDRO

O vidro é um material feito com areia, sódio, cálcio e outros componentes químicos. Pode ser produzido em diversos formatos, cores e espessuras.

MADEIRA

A madeira é um material natural, utilizado como matéria-prima para uma variedade muito grande de objetos, como utensílios de cozinha, móveis, objetos de decoração e barcos.

Kamonrat/Shutterstock/Glow Images

Colher de madeira

PAPEL

O papel é fabricado com fibras de vegetais. Ao longo da História, o papel foi confeccionado com diferentes plantas, como o algodão e o linho. Hoje é produzido principalmente com madeira de árvores plantadas para esse fim.

imagefactory/Shutterstock

Origami de papel

AGCuesta/Shutterstock

Saxofone de metal

METAIS

Os metais geralmente são encontrados na natureza misturados às rochas. O processo de retirada dos minerais das rochas é chamado de **mineração**.

Na natureza existem vários tipos de metal; alguns são encontrados em abundância e outros são mais raros. Os metais são utilizados de acordo com suas propriedades – por exemplo, na fabricação de chapas de aço para a montagem de carros e caminhões, na fabricação de fios elétricos, na confecção de portas e janelas.

PLÁSTICO

O petróleo é a matéria-prima para a produção da maioria dos plásticos. Eles apresentam diferentes propriedades: podem ser duros ou maleáveis, transparentes ou opacos, etc. A utilização de cada tipo de plástico depende dessas características.

Tyler Olson/Shutterstock/Glow Images

Caneca de plástico

O USO DOS MATERIAIS

O uso dos objetos depende das propriedades do material empregado para fabricá-lo, como a resistência, o brilho e a elasticidade. Por exemplo, não se pode utilizar plástico para a fabricação de fios elétricos, pois o plástico é um material que não conduz energia elétrica.

Um mesmo objeto pode ser feito de diferentes materiais. Por exemplo, as panelas podem ser feitas de metal, vidro, barro e pedra. Esses materiais são escolhidos por serem ao mesmo tempo resistentes ao calor e capazes de transmiti-lo ao alimento que está sendo preparado. Se fossem feitas de plástico, um material pouco resistente ao calor, as panelas derreteriam.

Coprid/Shutterstock/Glow Images

As panelas de metal são resistentes.

Joff Lee Studios/StockFood/Latinstock

As panelas de vidro permitem ver o alimento que está sendo preparado.

Boltenkoff/Shutterstock/Glow Images

As panelas de barro são muito comuns nas áreas rurais.

Wizdata1/Shutterstock/Glow Images

As panelas de pedra são esculpidas diretamente na pedra.

Um mesmo material pode ser utilizado em diferentes objetos, com as mais diversas utilidades. É o caso da borracha, que, além de facilmente moldada, é resistente, leve e impermeável. Por isso, ela é empregada em construções e na confecção de roupas, brinquedos e calçados, entre outros usos.

Picsfive/Shutterstock/Glow Images

Observe alguns objetos feitos com a borracha.

Sagir/Shutterstock/Glow Images

Homydesign/Shutterstock/Glow Images

Richard Peterson/Shutterstock/Glow Images

Há objetos feitos com mais de um material. Por exemplo, um carro possui a lataria de metal, os pneus de borracha, acessórios de plástico, janelas de vidro e bancos de tecido ou de couro. Assim, cada parte do objeto será fabricada com o material adequado à sua função.

Zentilia/Shutterstock/Glow Images

TRANSFORMAÇÕES DOS MATERIAIS

Os materiais podem sofrer modificações e ter suas propriedades alteradas. Quando isso ocorre, dizemos que houve uma transformação. Observe a imagem.

EggHeadPhoto/Shutterstock

- **Você acha que as transformações pelas quais a maçã passou podem ser revertidas? Explique sua resposta.**

____

____

A queima de um pedaço de papel

Stylus photo/Shutterstock

Quando, depois da transformação, não é possível retornar às características originais, dizemos que ocorreu uma **transformação permanente** ou **irreversível**.

Por exemplo, objetos de ferro que ficam expostos à umidade têm suas propriedades modificadas: é possível observar uma alteração na cor, que passa a ser alaranjada. Essa alteração recebe o nome de **ferrugem**.

Observe dois exemplos de transformações permanentes.

de2marco/Shutterstock

Parafuso enferrujado

Existem também as **transformações temporárias** ou **reversíveis**, que, ao contrário das transformações permanentes, não são definitivas.

Veja nas imagens abaixo alguns exemplos de transformações reversíveis.

Quando o gelo (água no estado sólido) derrete, obtém-se água no estado líquido. Nesse caso dizemos que ocorreu uma transformação reversível, pois a água pode ser congelada novamente.

Gresei/Shutterstock/Glow Images

Luchschen/Shutterstock/Glow Images

Mara Ze/Shutterstock/Glow Images

Luciana Bueno/Shutterstock/Glow Images

Um ovo de chocolate é feito aquecendo-se uma barra de chocolate sólida até ela se tornar líquida. O chocolate líquido então é colocado em uma fôrma e levado ao refrigerador para que retorne ao estado sólido e adquira o formato de ovo. Observe que ocorrem duas transformações reversíveis: de chocolate sólido para chocolate líquido e, depois, de chocolate líquido para chocolate sólido.

NESTE CAPÍTULO, VOCÊ VIU QUE:

- Existem diferentes tipos de material.
- Os diferentes materiais são utilizados de acordo com suas propriedades.
- Os materiais podem sofrer transformações, que podem ser reversíveis ou irreversíveis.

ATIVIDADES DO CAPÍTULO

1. Procure em sua sala de aula os objetos abaixo e escreva os materiais de que eles são feitos.

cadeira

Bergamont/Shutterstock/Glow Images

caderno

Design56/Shutterstock/Glow Images

mochila

YK/Shutterstock/Glow Images

janela

Smuay/Shutterstock/Glow Images

lápis

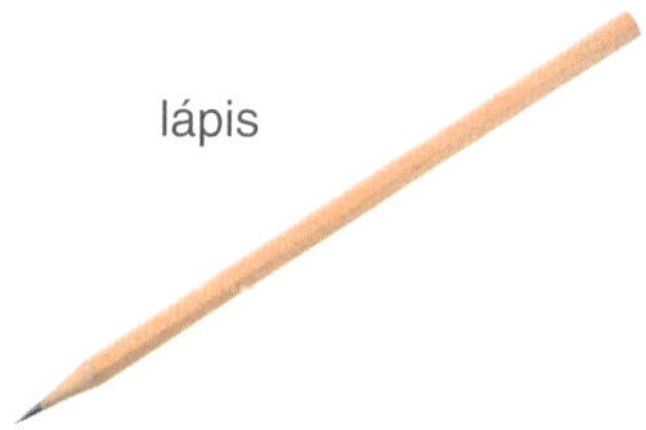

Smuay/Shutterstock/Glow Images

muro

Maxim Ibragimov/Shutterstock/Glow Images

2. Observe um ferro de passar roupas.

- Em sua fabricação são usados, essencialmente, dois materiais: metal (na base) e plástico. Por que é necessária essa composição de materiais para que o ferro de passar cumpra a sua função?

Maxim Ibragimov/Shutterstock/Glow Images

3. Escreva o nome de dois objetos de sua casa que são feitos de mais de um material. Ao lado do nome dos objetos escreva o nome dos materiais que compõem cada um deles.

____

____

4. Pesquise por que os fios de cobre utilizados para conduzir energia elétrica apresentam um revestimento plástico.

____

____

5. No espaço a seguir, faça um desenho que mostre a transformação de um tipo de material. Você também pode fazer uma colagem, se preferir.

Banco de imagens/Arquivo da editora

ENTENDER E PRATICAR CIÊNCIAS

OBSERVANDO AS TRANSFORMAÇÕES

Preparação

Separe um ovo cru e use o outro para preparar um ovo cozido. Peça ajuda a um adulto no momento de cozinhar o ovo em água quente.

Montagem

MATERIAL

- 1 copo plástico
- 2 ovos crus

1. Separe os ovos.

Ilustrações: Vicente Mendonça/Arquivo da editora

2. Peça a um adulto que cozinhe um dos ovos.

LEVANTANDO HIPÓTESES

- As propriedades do ovo cozido e do ovo cru são iguais? Eles têm a mesma cor? O mesmo cheiro? A mesma consistência?

3. Espere o tempo de cozimento, depois quebre o ovo cru dentro do copo plástico e descasque o ovo cozido com a ajuda de um adulto.

4. Observe as características dos dois ovos.

Conclusão

Compare suas hipóteses com o que você observou e, no caderno, responda às questões abaixo:

5. É possível fazer com que o ovo cozido volte a apresentar as propriedades do ovo cru?

6. O cozimento do ovo é uma transformação reversível ou irreversível?

CAPÍTULO

12 AVANÇOS E DESCOBERTAS

TECNOLOGIA

Observe estas imagens.

IM_photo/Shutterstock

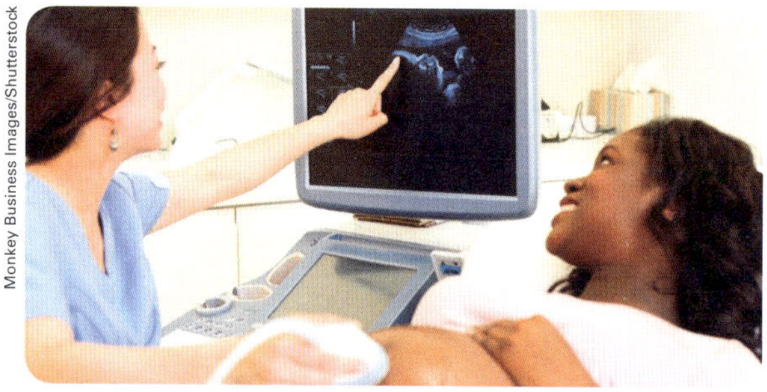
Monkey Business Images/Shutterstock

karelnoppe/Shutterstock

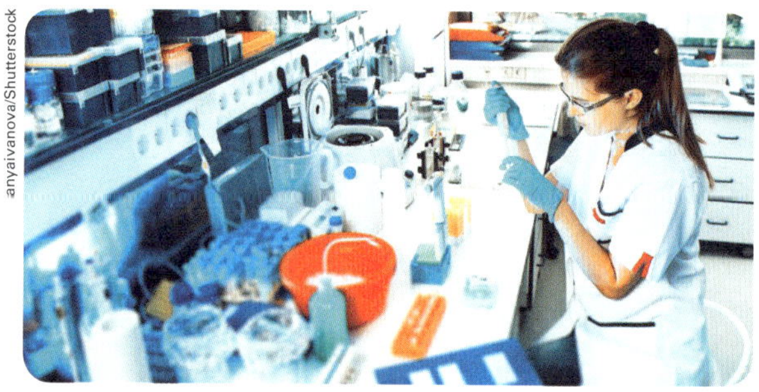
anyaivanova/Shutterstock

- **Que situações relacionadas ao avanço tecnológico e científico foram retratadas nessas imagens?**

____

____

- **Cite duas invenções que contribuíram para o bem-estar e a melhoria da qualidade de vida dos seres humanos.**

____

____

A tecnologia ajuda os seres humanos a aumentar seus conhecimentos em diversas áreas, como no transporte, na educação, na medicina, nos sistemas de comunicação, entre tantos outros campos.

Desde há muito tempo, o ser humano inventa ferramentas e técnicas para atender às suas necessidades. Por exemplo, por meio da produção do fogo, que a princípio era obtido esfregando madeiras ou pedras, o ser humano conseguia se aquecer, espantar animais e cozinhar seu alimento. Pedras, ossos e madeira também eram usados para fabricar armas e ferramentas.

Christian Jegou Publiphoto Diffusion/SPL/Latinstock

A roda é considerada uma das maiores invenções do ser humano. Com ela, o transporte se tornou mais fácil e rápido. Observe como esse objeto passou por diversas modificações ao longo da História.

Cromic/Shutterstock/Glow Images

Uma das primeiras rodas

Milos Luzanin/Shutterstock/Glow Images

Roda de madeira com raios

Ministr-84/Shutterstock/Glow Images

Roda feita de metal

O ser humano acumulou, no decorrer do tempo, muitos conhecimentos e técnicas sobre as maneiras de transformar materiais, produzir ferramentas, manipular instrumentos, etc. Esse conjunto de técnicas e de conhecimentos é chamado de **tecnologia**.

• Como a tecnologia pode nos ajudar a conhecer melhor o funcionamento do corpo humano?

Diariamente realizamos muitos movimentos: andamos, agachamos, pulamos, etc. Mas podemos também tropeçar e nos acidentar. Quando isso acontece, o que se deve fazer para identificar uma lesão ou uma fratura?

Observe a imagem.

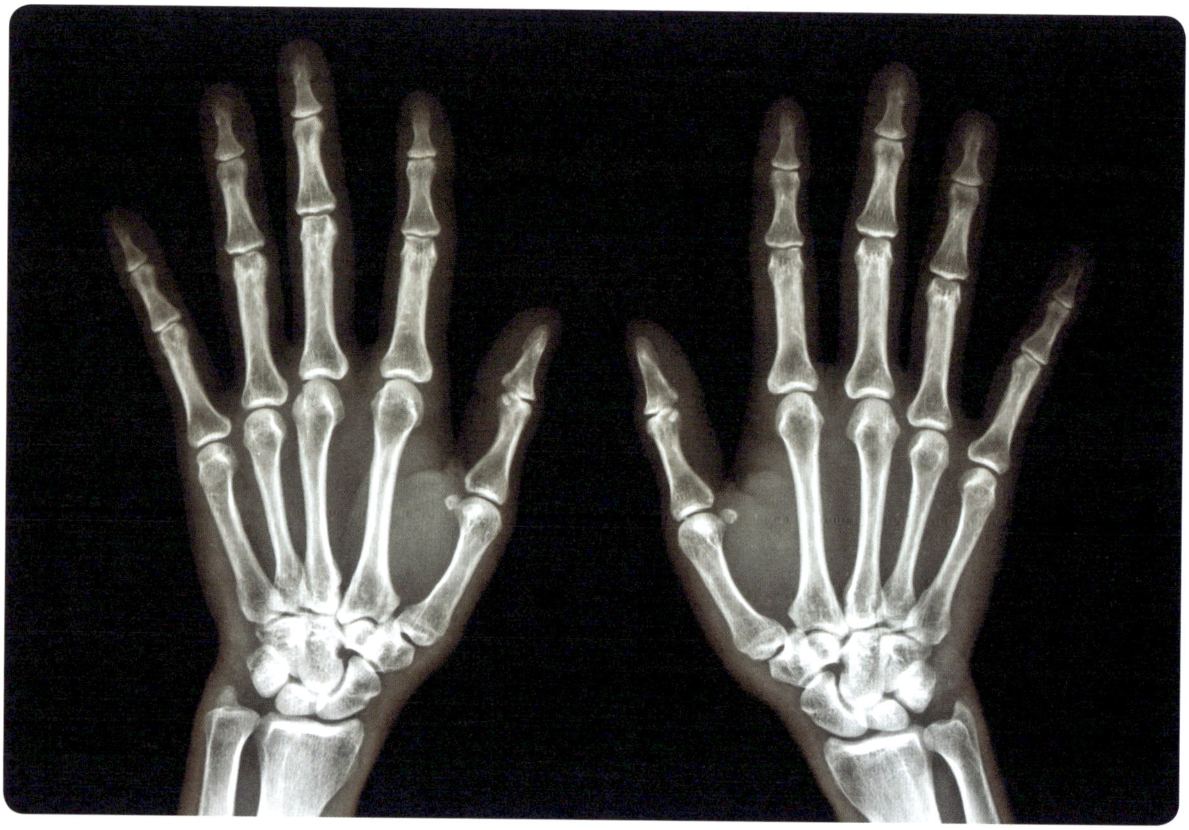

Puwadol Jaturawutthichai/Shutterstock

• Que tipo de imagem é essa?

____

• Você ou algum conhecido já passaram por situações em que precisaram desse tipo de imagem? Se sim, por que ela foi necessária?

____

____

• Que parte do corpo humano é mostrada nessa imagem?

____

Observando a natureza e o nosso corpo, os cientistas criaram inventos que ajudam a melhorar nossa vida e cuidar da nossa saúde. Por exemplo, para a criação do aparelho de radiografia foi necessário muito conhecimento sobre a luz e suas propriedades.

Os avanços em pesquisas e descobertas científicas colaboram também para o progresso da tecnologia. Novos materiais e técnicas podem trazer benefícios em diversas áreas, como na agricultura e nos transportes.

Cecilia Lim H M/Shutterstock/Glow Images

A produção de alimentos pode ser aumentada com a utilização de máquinas, como as de irrigação.

Brigitte Merle/Photononstop/Agência France-Presse

Itens de segurança, novos materiais e combustíveis alternativos, como o gás natural, são exemplos da tecnologia aplicada aos transportes.

REAPROVEITAMENTO E RECICLAGEM

No nosso dia a dia consumimos muitos materiais. Depois de utilizados, a maioria desses materiais é jogada no lixo. Você sabe para onde vai o lixo?

Nas cidades, em geral o lixo é coletado e levado para **aterros sanitários**, locais onde o lixo é acumulado.

ATERRO SANITÁRIO

Depósitos de lixo devem manter distância de casas e rios.

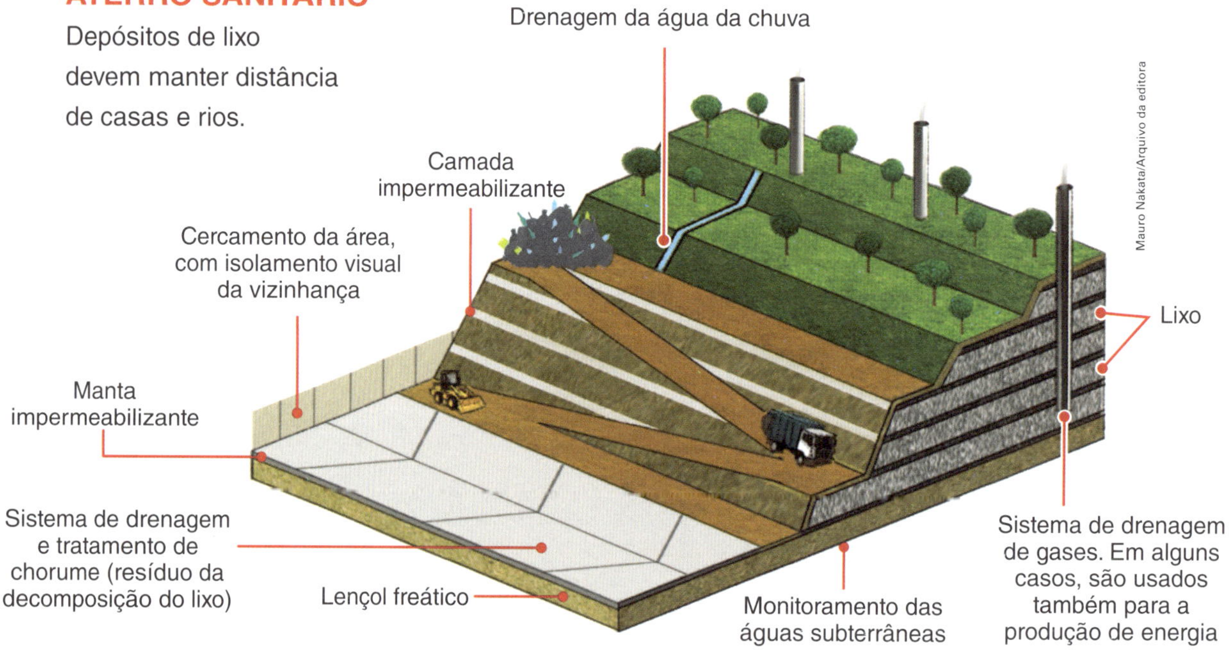

Mauro Nakata/Arquivo da editora

O excesso de lixo ameaça o equilíbrio do ambiente, pois alguns materiais levam muito tempo para se decompor e podem poluir o solo, a água e o ar.

decompor: desfazer-se no ambiente.

Veja na tabela abaixo o tempo médio que alguns materiais levam para se decompor no ambiente.

O plástico biodegradável se decompõe em 30 dias.

Material	Tempo de decomposição
Metal	100 a 500 anos
Papel	2 a 4 semanas
Plástico comum	450 anos
Vidro	mais de 1 000 anos

Ilustrações: Simone Ziasch/Arquivo da editora

Quando os materiais são jogados no lixo comum, os recursos naturais e a energia utilizados em sua fabricação são desperdiçados.

A melhor forma de contribuir para a economia de recursos é **reduzir** o consumo: comprar apenas o necessário, escolher produtos que gerem menos lixo (como aqueles que têm menos embalagens ou não utilizam muitas pilhas) e evitar o desperdício.

Outra forma de diminuir a quantidade de lixo é **reutilizar** ou reaproveitar produtos, que podem até ser empregados para desempenhar outra função.

A tecnologia também pode ajudar a reduzir o problema do lixo. Por meio da **reciclagem**, materiais como vidro, metal, papel e plástico são transformados em matéria-prima para novos produtos. Para isso, precisamos também fazer a nossa parte, separando materiais recicláveis para a coleta seletiva.

coleta seletiva: recolhimento de materiais que podem ser reciclados.

Fotos: Shutterstock/Arquivo da editora

Os materiais reciclados são transformados em matéria-prima para novos produtos.

NESTE CAPÍTULO, VOCÊ VIU QUE:

- Tecnologia é o conjunto de conhecimentos e técnicas utilizados para transformar os materiais.
- A tecnologia possibilita a produção de materiais, equipamentos e ferramentas que podem ser utilizados em várias áreas.
- O consumo e o descarte de materiais afetam o meio ambiente.
- Reduzir, reutilizar e reciclar são formas de diminuir a produção de lixo.

ATIVIDADES DO CAPÍTULO

1. Faça um levantamento de dois produtos usados como embalagens que se decompõem rapidamente (biodegradáveis) e de outros dois produtos quaisquer que demoram muitos anos para se desfazer (não biodegradáveis). Com essas informações, complete o quadro a seguir.

Produtos biodegradáveis	Produtos não biodegradáveis

2. Observe a imagem.

Simone Ziasch/Arquivo da editora

a) O vidro jogado no lixo pode ser usado como matéria-prima para novas garrafas. Que processo está sendo representado nessa imagem?

____

b) O que o consumidor precisa fazer para garantir a reciclagem dos materiais?

____

____

c) Que outras atitudes podem ser tomadas para diminuir a produção de lixo?

____

____

3. Nas embalagens são impressos símbolos que indicam se o material é reciclável. Observe o quadro a seguir.

Símbolos		
 O produto é reciclável.	 Alumínio, aço e vidro recicláveis.	 Embalagem reciclável  Lixo comum

Banco de Imagens/Arquivo da editora

- Escolha um produto da sua casa que esteja na embalagem e confira de que material ele é feito e se é reciclável. Anote abaixo os resultados.

Produto: ____________________

Material: ____________________

Reciclável? ☐ Sim ☐ Não

4. Com seus colegas e o professor, elabore folhetos informativos sobre:

a) embalagens que podem ser recicladas;

b) como elas são recicladas;

c) de que forma algumas pessoas podem ter uma renda e viver da coleta desses materiais.

ENTENDER E PRATICAR CIÊNCIAS

MUITAS IDEIAS PARA REUTILIZAR

Garrafas PET são um problema para o meio ambiente, já que o plástico leva muitos anos para se decompor. Uma boa saída é a utilização desse plástico para criar outros objetos.

Vamos fazer um porta-revistas?

MATERIAL

- 6 garrafas PET
- tesoura
- barra plana de madeira
- parafusos
- cola
- fita adesiva

Montagem

1. Lave bem as garrafas PET e seque-as.

Ilustrações: Vicente Mendonça/Arquivo da editora

2. Com a ajuda de um adulto, corte as garrafas perto do gargalo. Passe a fita adesiva na borda para dar o acabamento.

3. Coloque cola na base das garrafas e depois parafuse-as na barra de madeira. Peça a ajuda de um adulto para isso. Quando estiverem firmes, basta parafusar o porta-revistas na parede e está pronto!

Agora é sua vez!

4. Em se tratando de reciclagem, a criatividade não tem limite. Crie outros objetos reutilizando materiais disponíveis na sua casa ou na escola.

Planejamento

5. Que tipos de material você vai reutilizar?

6. Que objetos você pretende construir?

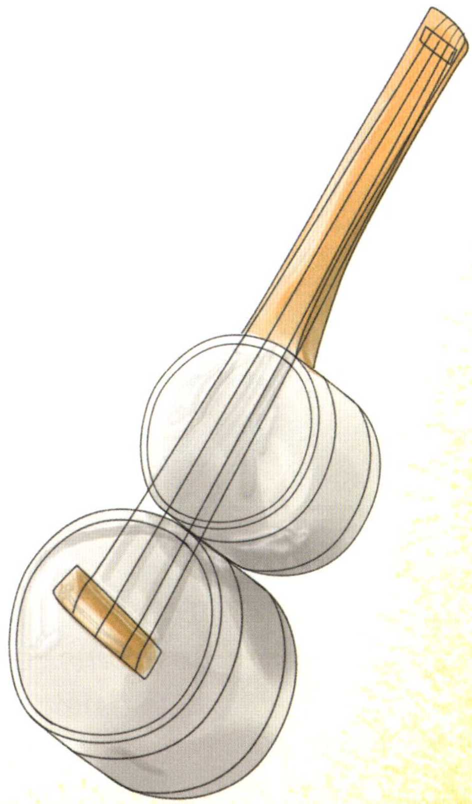

LER E ENTENDER

Nesta Unidade você lerá um infográfico.

Antes de ler o texto verbal, discuta com seus colegas sobre qual pode ser a relação entre cada par de desenhos interligados.

A seguir, leia o texto verbal e discuta se ele ajuda a compreender a relação entre os desenhos interligados.

ANALISE

1. De que trata esse infográfico? Comente com os colegas.

2. O que você fez para responder à pergunta anterior?

   - [ ] Só observou as imagens que aparecem no infográfico.
   - [ ] Leu, ao mesmo tempo, as imagens e os textos que aparecem no infográfico.
   - [ ] Só leu os textos que aparecem no infográfico.

3. Ler as imagens antes do texto verbal ajudou você a compreender as informações do infográfico como um todo?

   ____

4. Qual é a função do infográfico?

   ____

RELACIONE

5. As árvores são matéria-prima de muitos produtos de origem vegetal. Cite alguns desses produtos e, se souber, identifique o material de que é feito e uma propriedade dele.

   ____

   ____

ELAS SÃO DEMAIS!

Cheias de frutos, folhas e substâncias incríveis, as árvores têm utilidades variadas para os humanos

Texto • Maria Carolina Cristianini
Ilustração • Rogério Doki

As árvores estão entre os seres vivos mais antigos da Terra: as primeiras surgiram há mais ou menos um bilhão de anos! Elas se adaptaram a diferentes condições e estão em todos os lugares, de cidades a florestas. E, além de serem essenciais para manter o ambiente da Terra, fornecem produtos para a gente.

As mais bonitas

Flores são lindas e cheirosas. Como se isso não bastasse, ainda possuem uma grande variedade de substâncias usadas em cosméticos e tratamentos de saúde. É o caso da flor da laranjeira, que rende óleos perfumados, também usados como calmantes naturais.

É para comer!

Maçãs e muitos frutos podem ser consumidos do jeito que nascem. Outros precisam de um preparo para virarem alimentos, como o cacau, usado nos chocolates.

Mil e uma folhas

Com formatos variados, as folhas são parte mais do que importante para a árvore fazer fotossíntese, produzir seu alimento e gerar oxigênio para o ambiente. Para nós, a utilidade vai além, pois as folhas são ricas em fibras usadas para fazer produtos como cordas.

Casca poderosa

A parte exterior do tronco protege a árvore de insetos, perda de água e mudanças bruscas de temperatura. E ainda pode ter uma utilidade especial: na espécie sobreiro, a casca produz a cortiça das rolhas e de quadros de aviso.

Por dentro do tronco

Várias camadas formam a madeira que sustenta uma árvore. E cada pedaço tem substâncias diferentes, com aplicações variadas.

Goma • presente em produtos que contêm borracha, como as gomas de mascar.

Madeira • é o produto principal das árvores, usado para fazer móveis e nas construções de edifícios e casas.

Celulose • extraída da polpa da madeira, serve para fazer papel.

Resina • é aplicada na fabricação de vários tipos de sabão, verniz e adesivos.

Seiva • está nas caldas doces que os norte-americanos adoram comer com panquecas.

Alerta

As florestas estão em perigo por causa da ação do homem. Só para você ter uma ideia, uma área de floresta do tamanho da Nova Zelândia é perdida em incêndios todos os anos. Além do fogo, causam a destruição: a derrubada ilegal de árvores, o avanço descontrolado da agricultura e da pecuária e a expansão das cidades sem planejamento.

Muita vida

Árvores garantem a vida de milhares de espécies de animais pelo mundo todo. Afinal, é a partir delas que os bichos herbívoros conseguem boa parte dos seus alimentos, como frutos, folhas e o néctar das flores. Isso sem contar os animais que fazem das árvores suas casas, como os pássaros.

Disponível em: <http://planetasustentavel.abril.com.br/pops/elas-sao-demais-arvore.shtml>. Acesso em: 7 jan. 2016.

O QUE APRENDI?

1. Destaque os adesivos do **Material Complementar** e cole-os nos locais correspondentes, completando as legendas com as palavras do quadro.

reciclagem • materiais • transformações • propriedades • reaproveitar • origem

O ser humano transforma os ______________ para fabricar objetos.

O látex é um material de ______________ vegetal utilizado na fabricação da borracha.

O uso que se faz de cada material está muito relacionado às suas ______________.

O derretimento do gelo é uma das ______________ que podem acontecer com a água.

______________ os materiais é uma boa maneira de poupar matéria-prima.

Por meio da ______________, os materiais voltam a ser matéria-prima para novos produtos.

2. Observe a imagem que aparece na abertura da Unidade, escolha quatro objetos entre os que estão em destaque e complete as informações conforme o modelo.

Nome do objeto	Material	Propriedade	Função
Panela	metal	resistente	cozinhar os alimentos

3. Este é o momento de pensar no que você aprendeu nesta Unidade. Indique com um **X** na tabela.

Conteúdos estudados	Compreendi este conteúdo	Fiquei com algumas dúvidas e preciso retomar	Não compreendi e preciso retomar
Capítulo 10 Tipos de material			
Capítulo 11 Transformações dos materiais			
Capítulo 12 A importância da reciclagem			

Converse com os colegas e o professor para entender melhor o seu aproveitamento.

PARA SABER MAIS

LIVROS

Reprodução/Editora Cosac Naify

A árvore generosa

Shel Silverstein. São Paulo: Cosac Naify, 2011.

Até quando a amizade entre um menino e uma árvore pode durar? A bonita história de lealdade e amor de uma árvore ao seu melhor amigo, um menino que adora brincar montando nos seus galhos. A árvore oferece uma relação sincera e de troca que se modifica conforme o menino cresce e enfrenta as dificuldades da vida adulta. Essa reflexão sobre o cuidado e o respeito ao meio ambiente vai além das questões ecológicas, incentivando a cidadania e a responsabilidade social.

1 000 perguntas e respostas sobre os animais

Francisco Arredondo. São Paulo: Girassol, 2007.

Por que a zebra é listradinha e o tamanduá se alimenta de formiga? E o elefante, como faz para dormir com tamanho peso? Neste divertido livro, mil informações tanto sobre os animais atuais como sobre os dinossauros são organizadas em categorias, ajudando os pequenos leitores e também os adultos a saber mais sobre diferentes tipos de bicho.

Reprodução/Editora Girassol

Reprodução/Editora FTD

O esqueleto

Eric Lluch. São Paulo: FTD, 2012.

Ossudinho, um simpático esqueleto, tem o mesmo sonho de muitos outros meninos da sua idade: ser jogador de futebol! Em uma história repleta de terror e humor, ele precisará provar que tal sonho é possível.

"Estou em forma?": Aprendendo sobre nutrição e atividade física

Claire Llewellyn. São Paulo: Scipione, 2002.

Como saber se você está saudável e em forma? Alguns sinais de boa saúde são cabelos brilhantes, dentes fortes e pele limpa. Mas será que os ossos e músculos também estão sadios? Para manter nosso corpo saudável, precisamos adotar uma dieta variada. "*Estou em forma?*" é um livro que trata desse tema de maneira acessível e apresenta informações sobre nutrição e atividade física.

Reprodução/Editora Scipione

Reprodução/Editora Melhoramentos

Turma da Mônica em: cuidando do nosso planeta

Mauricio de Sousa. São Paulo: Melhoramentos, 2011.

Preservar o meio ambiente é garantir o futuro da humanidade. Neste livro, a Turma da Mônica apresenta algumas situações do nosso dia a dia que podem agredir ou preservar o meio em que vivemos.

Reprodução/Editora Ciranda Cultural

Cuidando do seu planeta: Shhhh! O ar

Núria Roca. São Paulo: Ciranda Cultural, 2010.

O ar é um dos elementos vitais para os seres vivos. Em **Cuidando do seu planeta: Shhhh! O ar**, você entenderá por que o ar é importante e o que se pode fazer para mantê-lo limpo.

Reprodução/Editora Scipione

A terra do povo da graça

Sergio Serrano. São Paulo: Scipione, 2010.

Em nosso mundo, a natureza nos dá tudo aquilo de que precisamos. E se um dia a Terra parasse de fornecer matéria-prima e energia? O que aconteceria com os seres humanos?

Reprodução/Editora Ática

Eu, você e tudo que existe: fábula ecológica

Liliana Iacocca e Siron Franco. São Paulo: Ática, 2010.

A princípio tudo era bonito, todos conviviam muito bem com a natureza. Porém, um dia as coisas mudaram: os seres humanos começaram a destruir as árvores, a poluir rios, e tudo começou a ficar feio. Será que tem como consertar isso?

SITES

Reprodução/<www.smartkids.com.br>

Smart Kids

Esse *site* traz uma série de jogos educacionais em que se abordam várias áreas da educação, incluindo a Ciência.

Disponível em: <www.smartkids.com.br>. Acesso em: 18 dez. 2015.

Reprodução/<www.escolagames.com.br>

Escola Games

Página com jogos gratuitos que abordam vários assuntos relacionados aos conteúdos estudados neste volume.

Disponível em: <www.escolagames.com.br>. Acesso em: 18 dez. 2015.

BIBLIOGRAFIA

BIZZO, Nélio. *Ciências:* fácil ou difícil? São Paulo: Ática, 2002.

BRASIL. Secretaria de Educação Fundamental. *Parâmetros Curriculares Nacionais.* Brasília: MEC/SEF, 1997.

CAMPOS, Maria C. C. et al. *Didática de Ciências:* o ensino-aprendizagem como investigação. São Paulo: FTD, 1999.

COLL, César. *Aprendendo Ciências.* São Paulo: Ática, 1999.

_________ et al. *Aprendizagem escolar e construção do conhecimento.* Porto Alegre: Artmed, 1994.

COLOMER, Tereza; CAMPS, Ana. *Ensinar a ler, ensinar a compreender.* Porto Alegre: Artmed, 2002.

ESPINOSA, Ana Maria. *Ciências na escola:* novas perspectivas para a formação dos alunos. São Paulo: Ática, 2010.

GROSSO, A. B. *Eureka! Práticas de Ciências para o Ensino Fundamental.* São Paulo: Cortez, 2006. (Coleção Oficinas – Aprender fazendo).

KOHL, Mary Ann F.; POTTER, Jean. *Descobrindo a ciência pela arte:* propostas de experiências. Porto Alegre: Artmed, 2003.

LERNER, Delia et al. Piaget – *Vygotsky:* novas contribuições para o debate. São Paulo: Ática, 1995.

LUCKESI, Cipriano C. *Avaliações da aprendizagem escolar.* São Paulo: Cortez, 2005.

MACEDO, Lino. *Ensaios construtivistas.* São Paulo: Casa do Psicólogo, 1994.

PERRENOUD, Philippe. *Dez novas competências para ensinar.* Porto Alegre: Artmed, 2000.

_________; THURLER, Mônica G. *As competências para ensinar no século XXI.* Porto Alegre: Artmed, 2002.

VYGOTSKY, L. S. *Formação social da mente.* São Paulo: Martins Fontes, 1984.

WEISSMANN, Hilda (Org.). *Didática das Ciências Naturais:* contribuições e reflexões. Tradução de Beatriz Affonso Neves. Porto Alegre: Artmed, 1998.

ZABALA, Antoni. *A prática educativa:* como ensinar. Tradução de Ernani F. da F. Rosa. Porto Alegre: Artmed, 1998.

Atividade da página **40** do livro

FICHAS DOS ANIMAIS

Destaque as fichas dos animais e classifique-os pelas suas características. Verifique no verso das fichas alguns critérios de classificação. Pesquise informações adicionais sobre seus animais favoritos.

OSCAR
- Vertebrado
- Peixe
- Coberto por escamas
- Carnívoro
- Aquático de rios

ARRAIA-DE-FOGO
- Vertebrado
- Peixe
- Pele de couro
- Carnívoro
- Aquático de rios

DOURADO
- Vertebrado
- Peixe
- Coberto por escamas
- Carnívoro
- Aquático de rios

CELACANTO
- Vertebrado
- Peixe
- Coberto por escamas
- Carnívoro
- Aquático do mar

TUBARÃO-LIMÃO
- Vertebrado
- Peixe
- Pele de couro
- Carnívoro
- Aquático do mar

BAIACU
- Vertebrado
- Peixe
- Pele de couro
- Carnívoro
- Aquático do mar

MOREIA
- Vertebrado
- Peixe
- Pele de couro
- Carnívoro
- Aquático do mar

LINGUADO
- Vertebrado
- Peixe
- Coberto por escamas
- Carnívoro
- Aquático do mar

ACARÁ-DISCO
- Vertebrado
- Peixe
- Coberto por escamas
- Carnívoro
- Aquático de rios

PERERECA FILOMEDUSA
- Vertebrado
- Anfíbio
- Pele lisa e úmida
- Carnívoro
- Terrestre

SAPO PONTA DE FLECHA
- Vertebrado
- Anfíbio
- Pele lisa e úmida
- Carnívoro
- Terrestre

SAPO-DE-CHIFRE
- Vertebrado
- Anfíbio
- Pele lisa e úmida
- Carnívoro
- Terrestre

CECÍLIA OU COBRA-CEGA
- Vertebrado
- Anfíbio
- Pele lisa e úmida
- Carnívoro
- Terrestre

SALAMANDRA-DE-FOGO
- Vertebrado
- Anfíbio
- Pele lisa e úmida
- Carnívoro
- Terrestre

RÃ
- Vertebrado
- Anfíbio
- Pele lisa e úmida
- Carnívoro
- Terrestre

SAPO DENDROBATES
- Vertebrado
- Anfíbio
- Pele lisa e úmida
- Carnívoro
- Terrestre

AXOLOTE
- Vertebrado
- Anfíbio
- Pele lisa e úmida
- Carnívoro
- Aquático de rios

SAPO-PIPA
- Vertebrado
- Anfíbio
- Pele lisa e úmida
- Carnívoro
- Aquático de rios

TEIÚ
- Vertebrado
- Réptil
- Pele coberta por escamas
- Carnívoro
- Terrestre

TARTARUGA TIGRE-D'ÁGUA
- Vertebrado
- Réptil
- Pele coberta por escamas
- Carnívoro
- Terrestre

SERPENTE SUCURI
- Vertebrado
- Réptil
- Pele coberta por escamas
- Carnívoro
- Terrestre

JABUTI
- Vertebrado
- Réptil
- Pele coberta por escamas
- Onívoro
- Terrestre

TARTARUGA--VERDE
- Vertebrado
- Réptil
- Pele coberta por escamas
- Carnívoro
- Aquático

JACARÉ DO PANTANAL
- Vertebrado
- Réptil
- Pele coberta por escamas
- Carnívoro
- Terrestre

SERPENTE PERIQUITAMBOIA
- Vertebrado
- Réptil
- Pele coberta por escamas
- Carnívoro
- Terrestre

IGUANA
- Vertebrado
- Réptil
- Pele coberta por escamas
- Carnívoro
- Terrestre

CAMALEÃO
- Vertebrado
- Réptil
- Pele coberta por escamas
- Carnívoro
- Terrestre

EMA
- Vertebrado
- Ave
- Corpo coberto por penas
- Onívoro
- Terrestre

CORUJA
- Vertebrado
- Ave
- Corpo coberto por penas
- Carnívoro
- Terrestre

ARARA
- Vertebrado
- Ave
- Corpo coberto por penas
- Herbívoro
- Terrestre

PINGUIM-DE-MAGALHÃES
- Vertebrado
- Ave
- Corpo coberto por penas
- Carnívoro
- Terrestre

CIGANA
- Vertebrado
- Ave
- Corpo coberto por penas
- Herbívoro
- Terrestre

GAVIÃO
- Vertebrado
- Ave
- Corpo coberto por penas
- Carnívoro
- Terrestre

BEIJA-FLOR
- Vertebrado
- Ave
- Corpo coberto por penas
- Herbívoro
- Terrestre

QUERO-QUERO
- Vertebrado
- Ave
- Corpo coberto por penas
- Carnívoro
- Terrestre

TUIUIÚ
- Vertebrado
- Ave
- Corpo coberto por penas
- Carnívoro
- Terrestre

LONTRA

- Vertebrado
- Mamífero
- Corpo coberto por pelos
- Carnívoro
- Aquático de rios

CACHORRO--VINAGRE

- Vertebrado
- Mamífero
- Corpo coberto por pelos
- Carnívoro
- Terrestre

ANTA

- Vertebrado
- Mamífero
- Corpo coberto por pelos
- Herbívoro
- Terrestre

BOTO-COR--DE-ROSA

- Vertebrado
- Mamífero
- Pele lisa sem pelos
- Carnívoro
- Aquático de rios

LOBO-GUARÁ

- Vertebrado
- Mamífero
- Corpo coberto por pelos
- Carnívoro
- Terrestre

JAGUATIRICA

- Vertebrado
- Mamífero
- Corpo coberto por pelos
- Carnívoro
- Terrestre

TATU-BOLA

- Vertebrado
- Mamífero
- Corpo coberto por pelos e placas
- Carnívoro
- Terrestre

TAMANDUÁ--MIRIM

- Vertebrado
- Mamífero
- Corpo coberto por pelos
- Carnívoro
- Terrestre

MACACO-ARANHA

- Vertebrado
- Mamífero
- Corpo coberto por pelos
- Onívoro
- Terrestre

OURIÇO-DO-MAR
- Invertebrado
- Corpo duro
- Herbívoro
- Aquático do mar

ARANHA
- Invertebrado
- Corpo duro
- Carnívoro
- Terrestre

BICHO-PAU
- Invertebrado
- Corpo duro
- Herbívoro
- Terrestre

MINHOCA
- Invertebrado
- Corpo mole
- Herbívoro
- Terrestre

CARACOL
- Invertebrado
- Concha dura
- Herbívoro
- Terrestre

BESOURO
- Invertebrado
- Corpo duro
- Herbívoro
- Terrestre

SIRI
- Invertebrado
- Corpo duro
- Carnívoro
- Terrestre

**TATUZINHO-
-DE-JARDIM**
- Invertebrado
- Corpo duro
- Herbívoro
- Terrestre

POLVO
- Invertebrado
- Corpo mole
- Carnívoro
- Aquático do mar

JOGO DA MEMÓRIA DAS PLANTAS

Destaque as fichas dos vegetais. Embaralhe-as e distribua com as fotos voltadas para baixo. Tente juntar os pares um a um.

JOGO DA MEMÓRIA
DAS PLANTAS

JOGO DA MEMÓRIA
DAS PLANTAS

JOGO DA MEMÓRIA
DAS PLANTAS

JOGO DA MEMÓRIA
DAS PLANTAS

JOGO DA MEMÓRIA
DAS PLANTAS

JOGO DA MEMÓRIA
DAS PLANTAS

JOGO DA MEMÓRIA
DAS PLANTAS

JOGO DA MEMÓRIA
DAS PLANTAS

JOGO DA MEMÓRIA
DAS PLANTAS

DRÓSERA

BROMÉLIA

HIBISCO

CAJUEIRO

JABUTICABEIRA

LÍRIO

DRÓSERA

BROMÉLIA

HIBISCO

JOGO DA MEMÓRIA DAS PLANTAS

JOGO DA MEMÓRIA DAS PLANTAS

JOGO DA MEMÓRIA DAS PLANTAS

JOGO DA MEMÓRIA DAS PLANTAS

JOGO DA MEMÓRIA DAS PLANTAS

JOGO DA MEMÓRIA DAS PLANTAS

JOGO DA MEMÓRIA DAS PLANTAS

JOGO DA MEMÓRIA DAS PLANTAS

JOGO DA MEMÓRIA DAS PLANTAS

MUSGO

SAMAMBAIAÇU

SAMAMBAIA

ARAUCÁRIA

CICA

PINHEIRO

PAINEIRA

PALMA

BURITI

JOGO DA MEMÓRIA DAS PLANTAS

JOGO DA MEMÓRIA DAS PLANTAS

JOGO DA MEMÓRIA DAS PLANTAS

JOGO DA MEMÓRIA DAS PLANTAS

JOGO DA MEMÓRIA DAS PLANTAS

JOGO DA MEMÓRIA DAS PLANTAS

JOGO DA MEMÓRIA DAS PLANTAS

JOGO DA MEMÓRIA DAS PLANTAS

JOGO DA MEMÓRIA DAS PLANTAS

CAJUEIRO

JABUTICABEIRA

LÍRIO

VITÓRIA-RÉGIA

MANGUEIRA

ORQUÍDEA

VITÓRIA-RÉGIA

MANGUEIRA

ORQUÍDEA

JOGO DA MEMÓRIA DAS PLANTAS

JOGO DA MEMÓRIA DAS PLANTAS

JOGO DA MEMÓRIA DAS PLANTAS

JOGO DA MEMÓRIA DAS PLANTAS

JOGO DA MEMÓRIA DAS PLANTAS

JOGO DA MEMÓRIA DAS PLANTAS

JOGO DA MEMÓRIA DAS PLANTAS

JOGO DA MEMÓRIA DAS PLANTAS

JOGO DA MEMÓRIA DAS PLANTAS

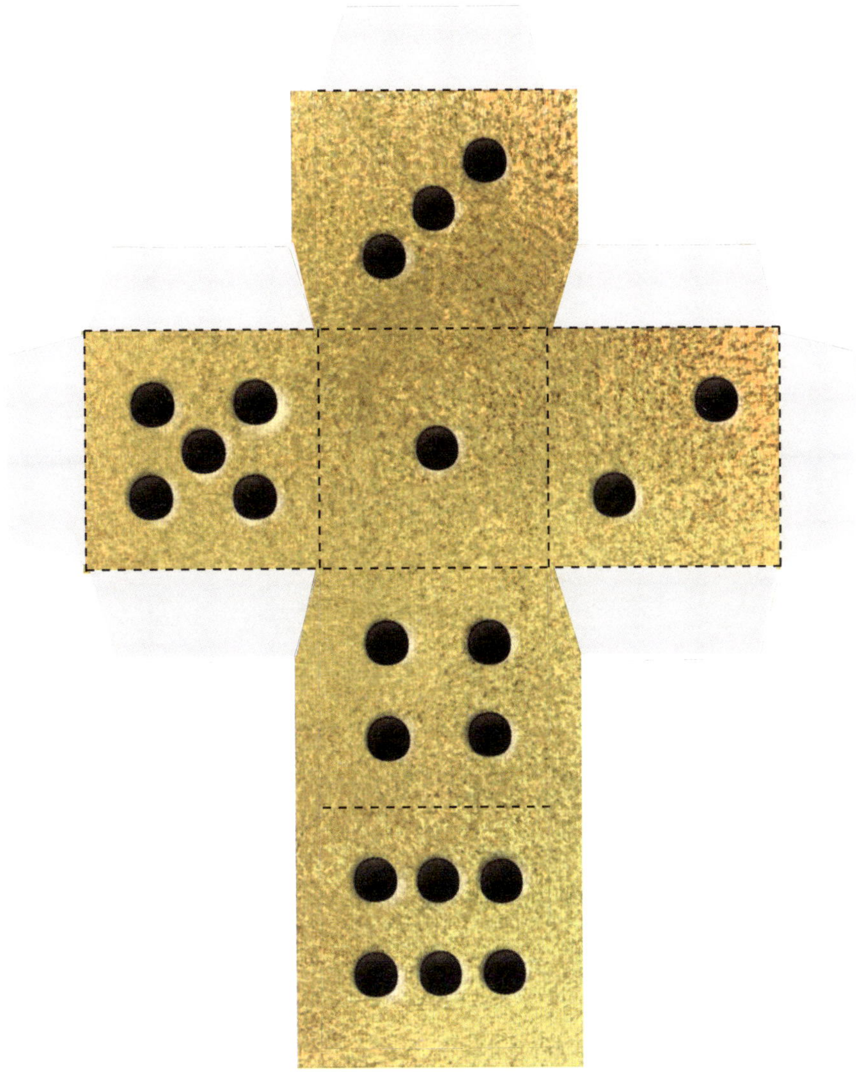

DOBRE

COLE

MONTADO:

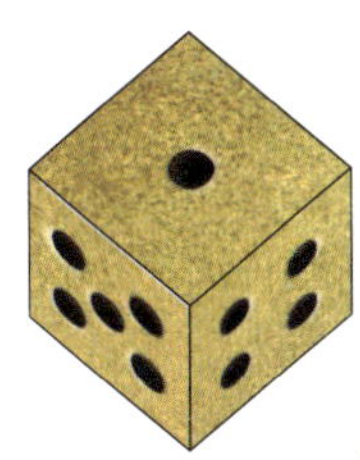

COLE

COLE

Ilustrações: Vicente Mendonça/Arquivo da editora

COLE

COLE

COLE

COLE

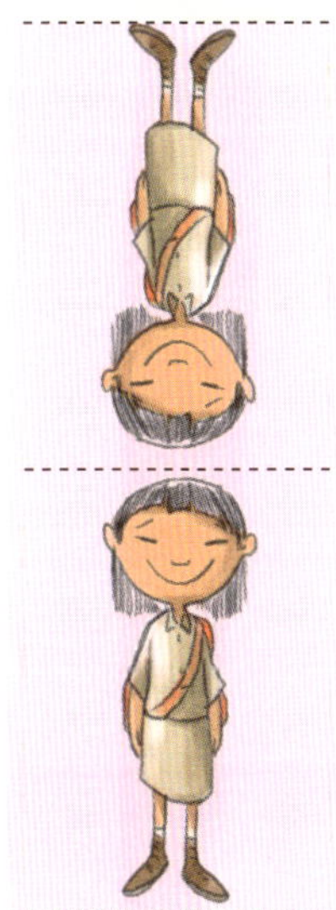

COLE

COLE

------------------- DOBRE

COLE

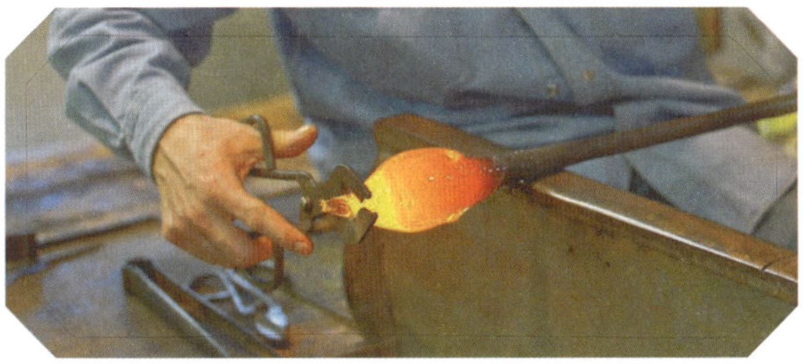